図解即戦力　豊富な図解と丁寧な解説で、知識0でもわかりやすい！

建設業界の
しくみとビジネスがしっかりわかる教科書

これ1冊で

ハタ コンサルタント株式会社
降籏達生
Tatsuo Furuhata

技術評論社

ご注意：ご購入・ご利用の前に必ずお読みください

■免責

本書に記載された内容は、情報の提供のみを目的としています。したがって、本書を用いた運用は、必ずお客様自身の責任と判断によって行ってください。これらの情報の運用の結果について、技術評論社および著者または監修者は、いかなる責任も負いません。

また、本書に記載された情報は、特に断りのない限り、2020年7月末日現在での情報を元にしています。情報は予告なく変更される場合があります。

以上の注意事項をご承諾いただいた上で、本書をご利用願います。これらの注意事項をお読み頂かずにお問い合わせ頂いても、技術評論社および著者または監修者は対処しかねます。あらかじめご承知おきください。

■商標、登録商標について

本書中に記載されている会社名、団体名、製品名、サービス名などは、それぞれの会社・団体の商標、登録商標、商品名です。なお、本文中に™マーク、®マークは明記しておりません。

はじめに

　雄大なダムやトンネル、そして天にそびえる超高層ビルは見る人に感動を与えています。そしてなによりそれら建設物のおかげで、私たちは水を飲むことができ、道路を通って移動することができ、そして建物の中で安心して仕事をしたり、住んだりすることができます。

　しかし建設物をどのようにして造っているのか、多くの人は見たことがないでしょう。工事中の建設物は覆いで囲われており、中の様子を垣間見ることができないからです。これが建設物には興味があっても、建設の仕事に興味や関心を持つ人が多くない理由の一つなのです。

　一方、近年オープンキッチンで料理するシェフの姿を見かけることが多くなりました。手際よく素材をカットし、フライパンをふるう姿を見て、「かっこいい」とか「やってみたい」と思う人が多いことでしょう。

　本書は、まるでオープンキッチンでフライパンをふるうシェフを見るかのように、建設業で働く人の姿が見えるようにしたいと思い企画しました。建設業の仕事には、どのような種類があり、そこで働く人はどのような仕事をしているのかについて解説します。

　建設業は大きく、土木と建築に分かれます。ダムやトンネルなどの土木構造物、住宅やビルなどの建築物を実際にどのようにして造るのかをご覧いただきます。またその役割も、計画、設計、施工管理、ものづくり、造った建設物を守るなど細かく分かれます。これらの人たちが実際にどのような仕事をしているのかをお伝えします。さらに、建設業界をとりまく法律やルールについてできるだけ難しくならないように配慮して解説します。

　最後に建設業界の現状と課題、業界を支える最新技術、業界の将来展望をのぞいていただきましょう。

　各章の末尾にはコラムとして、東京スカイツリーやスエズ運河など日本や世界を代表する建設物をどのようにして造ったのか、そしてその裏話をまとめましたのでお楽しみください。

　本書を通して、建設業への興味や関心が高まり、一人でも多くの方とともに、一緒に建設・ものづくりに関与することができればうれしく思います。

ハタ コンサルタント株式会社

代表取締役　降籏　達生

CONTENTS

はじめに ……………………………………………………………………………… 3

Chapter 1
建設業の役割と概要

01 社会における建設業
建設業の3つの役割とは ………………………………………………… 12

02 業界を構成する人材
人手不足と高齢化による業界の現状 ………………………………… 14

03 業界の規模
社会資本の維持、発展のため増え続ける事業量 ……………………… 16

04 多様化する現場
多様な人たちが活躍する現場 ………………………………………… 18

05 働き方への取り組み
業務の平準化の取り組み ……………………………………………… 20

COLUMN 1
サグラダ・ファミリアを造った日本人 ………………………………… 22

Chapter 2
建設ビジネスのしくみ

01 業界の構成要素
建設とは土木と建築に大別される ……………………………………… 24

02 土木業界①
土木には官庁工事と民間工事がある …………………………………… 26

03 土木業界②
土木の設計は建設コンサルタントが担う ……………………………… 28

04 土木業界③
土木の維持管理で道路、トンネル、橋梁を守る ……………………… 30

05 建築業界①
建築には公共工事と2種の民間工事がある …………………………… 32

06 建築業界②
建築物の維持管理で寿命を延ばす ……………………………………… 34

004

07 建築業界③
建築設計には意匠設計、構造設計、設備設計がある ·················· 36

08 建築業界④
プラント建設は発電所や工場を造る ································· 38

09 企画開発
デベロッパーとは都市開発者 ······································· 40

10 業界を構成する業種
許可が必要な建設業の29業種 ····································· 42

11 業界の詳細①
ゼネコンと専門工事会社の違い ····································· 44

12 業界の詳細②
技術者と技能者はここが違う ······································· 46

13 業界の詳細③
共同企業体の制度の目的 ··· 48

14 業界の詳細④
個人取得の資格とプロジェクトに必要な資格 ···· ················· 50

COLUMN 2
台湾の農作物を守った16,000kmの給水路 ·························· 52

Chapter **3**
工種と業種でわかる土木業の基本

01 土木業界の概要①
大きく6つに分かれる土木工事 ····································· 54

02 土木業界の概要②
工場設備を造るプラント工事 ······································· 58

03 土木業界の概要③
暮らしを支える公共土木工事 ······································· 60

04 土木業界の概要④
民間土木工事は10種類ある ··· 62

05 土木業界の概要⑤
土木の仕事に必要な資格 ··· 64

06 主な建造物の造り方①
ダムはこうして造る ··· 66

005

07 主な建造物の造り方②
トンネルはこうして造る ……………………………………… 68

08 主な建造物の造り方③
橋はこうして造る ……………………………………………… 70

09 主な建造物の造り方④
道路、堤防はこうして造る …………………………………… 72

10 主な建造物の造り方⑤
上下水道はこうして造る ……………………………………… 74

11 主な建造物の造り方⑥
港湾・空港の建設と維持 ……………………………………… 76

12 日本の技術
世界トップクラスの日本の土木技術 ………………………… 78

業界マップ
土木 ……………………………………………………………… 80

COLUMN 3
沼地の関東平野をよみがえらせた徳川家康 ………………… 82

Chapter 4

工種と業種でわかる建築業の基本

01 建築業界の概要①
素材と構造から見る建築工事 ………………………………… 84

02 建築業界の概要②
戸建て住宅工事の種類と特徴 ………………………………… 86

03 建築業界の概要③
建築設備工事とは ……………………………………………… 88

04 建築業界の概要④
建築費の相場とは ……………………………………………… 90

05 建築業界の概要⑤
建築の仕事に必要な資格 ……………………………………… 92

06 主な建築物の造り方①
市街地再開発事業、土地区画整理事業の流れ ……………… 94

07 主な建築物の造り方②
建築工事の設計から完成までの流れ ………………………… 96

08 主な建築物の造り方③
戸建て住宅工事の流れ ………………………………………… 98

09 主な建築物の造り方④
超高層ビルはこうして建てる ································· 100

10 主な建築物の造り方⑤
ビルがまっすぐ建って倒れないわけ ························ 102

（業界マップ）
建築 ······································· 104

COLUMN 4
ボスポラス海峡トンネルがヨーロッパとアジアをつないだ ············· 106

Chapter 5

建設業界の仕事とプロジェクトに必要な資格

01 プロジェクトの発注者①
公共団体の仕事〜発注者の役割〜 ····················· 108

02 プロジェクトの発注者②
インフラ関連企業の仕事〜電力・ガス・鉄道・高速道路会社〜 ··· 110

03 プロジェクトの発注者③
土地開発事業者の仕事〜デベロッパー〜 ················ 112

04 設計会社①
土木設計の仕事〜建設コンサルタント〜 ················ 114

05 設計会社②
建築設計の仕事〜建築士〜 ··························· 116

06 建設会社①
大手ゼネコンの仕事〜施工管理技術者〜 ··············· 118

07 建設会社②
地方ゼネコンの仕事〜施工管理技術者〜 ··············· 120

08 専門職
専門工事会社の仕事〜技能者〜 ····················· 122

COLUMN 5
中東戦争の戦火をくぐりながらスエズ運河を造った日本の港湾技術 ···· 124

Chapter 6

建設業に関わる法制度や政策とその対応策

01 全体に関わる法
業界の秩序を守る「建設業法」··························· 126

007

02 建造物に関わる法①
人々が安心して住める建物を造る「建築基準法」 ･････････････････ 128

03 建造物に関わる法②
品質を担保する「公共工事品確法」「住宅品確法」 ･･････････････ 130

04 労働環境に関わる法
現場で働く人の命を守る「労働安全衛生法」 ････････････････････ 132

05 環境に関わる法①
廃棄物の正しい処理に関する「廃棄物処理法」 ････････････････ 134

06 環境に関わる法②
廃棄物を減らす「建設リサイクル法」 ････････････････････････ 136

07 環境に関わる法③
空気を守るさまざまな法律 ････････････････････････････････ 138

08 環境に関わる法④
騒音・振動・悪臭を減らすさまざまな法律 ････････････････････ 140

09 環境に関わる法⑤
環境を守るその他の法律 ･･････････････････････････････････ 142

10 国土を守る法
国土を守る「国土強靭化基本法」 ･･････････････････････････ 144

11 業界をよりよくする法①
公平な競争を図る「総合評価方式」 ････････････････････････ 146

12 業界をよりよくする法②
人手不足を解消する「担い手三法」 ････････････････････････ 148

13 業界をよりよくする法③
公共工事の基本である「公共工事標準請負契約約款」 ････････ 150

COLUMN 6
英仏をまたいだ日本のシールド技術 ･･････････････････････ 152

Chapter 7
建設業界の現状と課題

01 品質に関わる課題①
建設物の老朽化に対するメンテナンス ････････････････････ 154

02 品質に関わる課題②
建設物の品質問題 ････････････････････････････････････ 156

03 インフラに関わる課題①
高速道路にはどんな効果があるのか ････････････････････ 158

04 インフラに関わる課題②
普及率79.3% 下水道整備の遅れ ････････････････････････ 160

05 インフラに関わる課題③
河川整備の遅れと洪水の発生 ……………………………… 162

06 インフラに関わる課題④
空港・港湾整備の現状 ……………………………………… 164

07 自然の資源に関わる課題
林道整備の遅れに伴う森林未整備問題 …………………… 166

08 労働に関わる課題①
建設労働者の労働環境 ……………………………………… 168

09 労働に関わる課題②
建設業界にも働き方改革推進 ……………………………… 170

10 労働に関わる課題③
労働災害への対策 …………………………………………… 172

11 経営に関わる課題
中小建設会社の事業承継問題 ……………………………… 174

12 グローバル化に関わる課題
海外工事の現状と課題 ……………………………………… 176

COLUMN 7
黒部ダムが関西に灯りをともした ……………………………… 178

Chapter 8

建設業界を支える最新技術

01 土木業界の技術①
ICTの導入による土木業務の効率化「ICT土工」……………… 180

02 土木業界の技術②
舗装、地盤改良にも利用されるICT ………………………… 182

03 3次元化①
UAV（ドローン）を用いた測量の普及 ……………………… 184

04 3次元化②
3Dレーザースキャナを用いた測量の普及 ………………… 186

05 3次元化③
3Dプリンターで構造物を3次元化 ………………………… 188

06 3次元化④
BIM、CIMデータによる見える化 …………………………… 190

07 情報共有
AIの推進による情報の共有化 ……………………………… 192

08 生産性向上①
ARを活用した建設現場の自動化 ……………………………… 194

09 生産性向上②
コンクリート規格の標準化の取り組み ……………………… 196

10 安全性
耐震、制震、免震技術で地震から命を守る ……………… 198

COLUMN 8

「毎日が達成感」リスクを吹き飛ばした東京スカイツリー …………… 200

Chapter 9
建設業界の展望

01 技術と役割①
リニア中央新幹線は最新技術の粋を集める …………………… 202

02 技術と役割②
海外工事ならではのリスクとは ………………………………… 204

03 技術と役割③
コンセッション方式によるコストダウン ……………………… 206

04 技術と役割④
災害から国土を守る建設業 ……………………………………… 208

05 業界の未来①
木造で高層ビルをどう建てるのか ……………………………… 210

06 業界の未来②
無人化、機械化施工は人手不足の解決策 ……………………… 212

07 業界の未来③
外国人とともに建設を推進する ………………………………… 214

08 業界の未来④
ダイバーシティを推進して開かれた建設業界を創る ………… 216

付章

建設業界で役立つ主な資格 ………………………………………… 218

索引 …………………………………………………………………… 220

第1章
建設業の役割と概要

建設業は私たちの暮らしに欠かせない身近な産業でありながら、業界に携わっていない人からは見えにくいかもしれません。この章では、業界が果たす役割や就業者、働き方を俯瞰して見てみましょう。

社会における建設業

Chapter1
01

建設業の３つの役割とは

日本は厳しい自然環境に置かれ、毎年多くの尊い人命と貴重な財産が失われてきました。このような国土で、「安全」「安心」「快適」な暮らしを守るためには、防災・減災対策を推進することが何よりも必要です。

安全：人の命を守る（災害復旧）

地震・台風・豪雨・豪雪などの常襲地帯
世界における自然災害による被害額の地域別割合は、アジアが約46％、中でも日本は、国土面積が全世界の0.25％にもかかわらず、約15％を占めている（国土交通白書より）。

　日本列島は、地震・台風・豪雨・豪雪などの常襲地帯です。建設業は災害に強い国土づくりを進めるとともに、災害発生時には迅速な復旧作業を行い、地域の安全を守っています。
　日本の急峻な地形は、ヒマラヤ山脈に似ています。日本列島と北の千島列島、そして南の南西諸島の長さ約2,000kmの形は、ヒマラヤ山脈と東のインドシナの山脈、そして西のヒンズークシ山脈の長さ約2,000kmの形と相似しています。そして図にあるように、日本の川は滝のような急勾配になっており、降った雨は急速に下流に流れ、河川の水位は急激に上がります。大雨が降れば、最悪の場合、洪水が発生します。実際にここ数年、日本では集中豪雨による被害が続いています。洪水の危険性を強く認識し、早期に対策を立てていく必要があるのです。

日本は世界で有数の地震国家
マグニチュード5.0の地震が全世界の10％、マグニチュード6.0以上の地震が全世界の20％、日本周辺で発生している（一般財団法人国土技術研究センターHPより）。

　また、日本は世界で有数の地震国家です。地震から国土を守り、被害を最小限に抑えることも、建設業の大きな役割です。

安心：経済を支える（豊かな生活の確保）

所得の再配分
所得の大きいところがより多く税負担し、社会保障やインフラの整備などを通じて所得の低い人に分配されること。

　建設業の直接的な経済効果としては、建設需要によって各種建設資材が消費されたり、工事に携わる従事者の雇用が増大したりといったことが挙げられます。
　また、税金を使って公共投資を拡充することは、高所得者から失業者に所得の再配分を行うという格差縮小策であると同時に、失業という経済全体から見た非効率性を解消する政策でもあります。地方によっては雇用先が建設業と公共機関しかないことも多く、建設業は雇用創出という重要な役割を果たしているといえます。

012

日本の河川の特徴

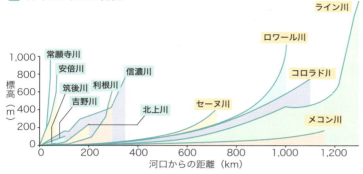

出典：国土交通省河川局「Rivers in Japan」（2006年）

公共事業関係の歳出

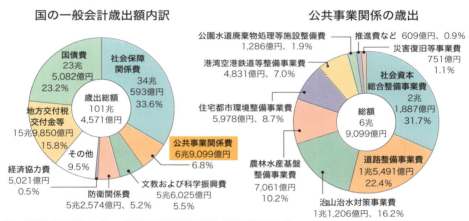

出典：国税庁「税の学習コーナー」（2019年度当初予算〈臨時・特別の措置を含む〉）

快適：暮らしを創る（インフラ整備）

　社会資本の整備は、地域の経済活動の促進につながります。高速道路ができることで、遠隔地への通勤や通学が可能となって過疎化の解消につなげることができます。交通網が整備されることにより物流が合理化され、都市基盤が整備されることで企業などの進出が促されます。企業活動が活発になると海外への輸出が増加し、その結果GDPが増え、国民の所得も増えて生活が豊かになるという好循環が生まれます。

GDP
国内総生産。国内で一定期間の間に生産されたモノやサービスの付加価値の合計額。つまり、日本が儲けたお金ということ。建設業は輸出による直接的な付加価値は少ないが、製造業などの輸出を支援し間接的にGDPに寄与している。

第1章 建設業の役割と概要

Chapter1 02

業界を構成する人材

人手不足と高齢化による業界の現状

現在、建設業では仕事量が多い割には人手が不足している状態が続いています。また若い人たちが入職することが少ないため、高齢化も進展しています。

● 人手不足の現状

総務省「労働力調査」（2017年平均）によれば、建設業で働く人たちの年齢層は、60歳以上の高齢者が81.1万人（全体の24.5％）を占め、これから10年の間に大量の離職者が見込まれます。一方で、それを補うべき10代および20代の技能労働者は、36.6万人（全体の11.0％）に過ぎず、大量に離職する高齢者に比べて、非常に少ないという事実があります。このままでは、日本の建設労働者の数は大きく目減りしてしまいます。

総務省「労働力調査」によれば、建設業就業者数は、1997年度のピーク時には685万人に達しましたが、2018年度には503万人にまで減少しています。このうち、建設技能者は同時期に464万人から331万人にまで減少、技術者も41万人から31万人まで減少しています。

● 建設投資額、労務単価の推移

図は、建設投資額の推移を示しています。ピーク時の1992年度には84兆円の建設投資額に達していたものの、2010年度には42兆円と、ピーク時の半分にまで減少しました。その後は増加に転じ、2018年度は約60兆円となっています。

国土交通省「公共工事設計労務単価」によると、1997年度の労務単価は1万9,121円でしたが、その後、建設投資の減少に伴う労働需給の緩和によって、労務単価は低落傾向にありました。2012年度には1万3,072円まで減少しています。

しかしその後、必要な法定福利費相当額の反映や、東日本大震災の入札不調を受けた被災3県における労務単価の引き上げ措置などを実施。こうした措置により、年々労務単価は上がってきて

技能労働者
工事の直接的な作業を行う技能を有する労働者。職人ともいう。

技術者
工事の技術上の業務をする者。設計技術者、施工管理技術者に分かれる。

建設投資額
建設工事を行うことで新たに日本国全体の固定資本となる金額。

入札不調
公共工事の入札で、参加者が現れず、落札者が決まらないこと。

▶ 建設投資額の推移

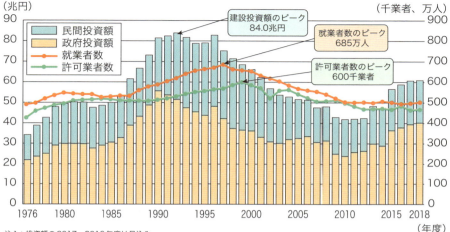

注1：投資額の2017、2018年度は見込み
注2：許可業者数は各年度末（翌年3月末）の値
注3：就業者数は年平均
出典：国土交通省「建設投資見通し」「建設業許可業者調査」、総務省「労働力調査」

▶ 公共工事設計労務単価の推移（円／1日8時間あたり）

1998年	2001年	2004年	2007年	2010年	2013年	2016年	2019年
19,116円	15,871円	14,160円	13,577円	13,154円	15,175円	17,704円	19,392円

1999年の建設投資額の減少に伴う労働需要の緩和により下降を始めた

必要な法定福利費相当額を反映、東日本大震災の入札不調を受け、被災3県で労務単価引き上げを行った

出典：国土交通省「公共工事設計労務単価」

います。2019年度には1万9,392円まで増加しています。

建設業の働き方改革

　現在、建設業界でも働き方改革が進められています。働き方改革とは「一億総活躍社会」を目指す取り組みのことです。

　働き方改革では、「(1) 働き手を増やす」、「(2) 出生率を上げる」、「(3) 労働生産性を上げる」ことを目標としています。ところが、この (1) ～ (3) を正社員の長時間労働が阻害し、働き方改革が進まない現状に陥っています。

　そのため建設業でも、労働時間の上限規制の適用を猶予されている2024年までには、正社員の長時間労働を制限し、働きやすい労働環境をつくることが求められています。

Chapter1 03

業界の規模

社会資本の維持、発展のため増え続ける事業量

2020年に開催予定だった東京オリンピックに向けて、多くの工事が施工されました。その後の事業量はどうなるのか、不安に感じている人も多いようです。ここでは今後の建設業の事業量について解説します。

老朽化した社会資本の実情

建設後50年以上経過する社会資本は、着実に増加しています。日本では高度成長期に高速道路やダム、河川や住宅、商業施設などさまざまな社会資本が整備されました。コンクリートの耐用年数の目安は50〜60年とされており、今後20年ほどで集中的に整備、更新が必要な老朽化した施設が出てきます。

国土交通省管轄の道路、港湾、空港、公共賃貸住宅、下水道、都市公園、治水、海岸で、2011年度から2060年度までの50年間に必要な更新費は、年間5兆円、合計約190兆円と試算されています。このほか高速道路のリニューアル工事では、床板の取り替え工事など2015年から2029年に3兆円規模の工事を実施することになっています。

新しいインフラ需要

IR
シンガポールでは2005年にカジノ解禁を決定。IR開業後4年で、国全体の観光客数が6割、観光収入が9割増加した。

日本ではIR（Integrated Resort）、日本語で「統合型リゾート」の推進に力を入れ、自治体が誘致に名乗りを上げています。カジノ、ホテル、国際会議場、展示会場、ショッピングモール、レストラン、劇場、映画館、スポーツ施設などを一体化した施設が開発される予定で、期待がかかっています。観光産業の振興にも一役買うことになるでしょう。

また、2025年5〜11月に大阪で開催される日本国際博覧会では、会場の建設費は1,300億円とされています。開催時の来場者は3,000万人、建設時、開催時を含めて経済波及効果は2兆円ともいわれています。さらに会場である夢洲（大阪湾上の人工島）は未開拓であるため、埋め立て工事、インフラ工事、道路や鉄道の延伸工事などに1兆円以上が投資される計画です。

016

▶ 社会資本の更新費用の増大

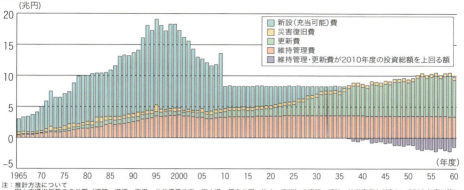

注：推計方法について
　国土交通省所管の8分野（道路、港湾、空港、公共賃貸住宅、下水道、都市公園、治水、海岸）の直轄・補助・地単事業を対象に、2011年度以降につき次のような設定を行い推計。
・更新費は、耐用年数を経過した後、同一機能で更新すると仮定し、当初新設費を基準に更新費の実態を踏まえて設定。耐用年数は、税法上の耐用年数を示す財務省令を基に、それぞれの施設の更新の実態を踏まえて設定。
・維持管理費は、社会資本のストック額との相関に基づき推計。（なお、更新費・維持管理費は、近年のコスト縮減の取組み実績を反映）
・災害復旧費は、過去の年平均値を設定。
・新設（充当可能）費は、投資総額から維持管理費、更新費、災害復旧費を差し引いた額であり、新規需要を示したものではない。
・用地費・補償費を含まない。各高速道路会社等の独法等を含まない。なお、今後の予算の推移、技術的知見の蓄積等の要因により推計結果は変動しうる。
出典：国土交通省「平成21年度国土交通白書」

▶ 社会資本の将来の維持管理費の推移

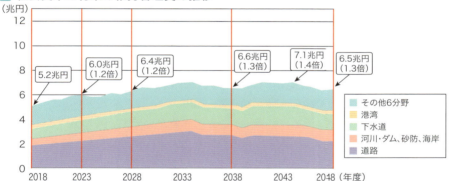

注：推計値は幅を持った値としているため、グラフは最大値を用いて作成。
出典：国土交通省「国土交通省所管分野における社会資本の将来の維持管理・更新費の推計」

　ほかにも、<mark>リニア中央新幹線建設（9-01参照）も計画されています。</mark>世界最速の時速500km/hで東京（品川）〜名古屋を40分、東京から大阪を67分で結ぶ予定で、東京（品川）〜名古屋間は2027年の開業を目指しています。「超電導リニア」は、車体も線路も従来とはまったく異なるので、多くの新技術を活用しながら建設されます。トンネル、橋、変電所、駅舎など多岐にわたる工事の総投資額は、東京〜名古屋間が約5.5兆円、名古屋〜大阪間が約3兆円です。

多様化する現場

Chapter1 04

多様な人たちが活躍する現場

これまで建設業は、どちらかというと男性の、しかも屈強な人たちが働く場として捉えられてきました。しかし、今後ますます多様な人たちが活躍することが期待され、またそのしくみづくりが進められています。

建設業は裾野が広い

建設業の仕事は、裾野が広いことが特徴です。例えば、単純な作業から複雑な作業まで、力が必要な作業から細やかさが必要な作業まで、また屋外で行う作業から屋内で行う作業まで。こういった非常に幅広い仕事があるため、それぞれの仕事に合う人材を迎え入れることができます。

ここでは、女性、障がい者、高齢者の働く場について考えてみましょう。

女性の活躍

これまで男性社会であった建設業の現場で、多くの女性が働くようになってきています（図参照）。大きな力が不要な仕事であれば、女性でも働くことができるからです。例えば、機械の操作やダンプトラックの運転などは力がいりませんし、細かい作業を必要とする現場もあります。細かい作業とは、左官作業・塗装作業・内装仕上げ作業などのことで、女性の細やかな心遣いを生かせる作業といえるでしょう。

障がい者の活躍

障がい者雇用の理想は、障害のある人もない人も同じように仕事や人生を選択できることにあります。ただし、障がいの種類によっては危険を伴う場合もあり、業務内容の選定には注意が必要です。また、サポート体制および本人の障がいに合わせた指導を行うことも重要です。

例えば、知的障がいをもつ従業員に、廃棄物の回収や建設予定現場の草を刈る仕事などを任せている会社があります。知的障

女性、障がい者、高齢者
女性の場合、育児や家事、介護などの負担が大きいので、家庭と仕事の両立が困難なことが問題である。高齢者や障がい者の場合は、企業の応募の少なさなどの問題がある。

知的障がい
症状の程度により「軽度」「中等度」「重度」「最重度」の4段階に分類される。軽度は、暗算やおつりの計算、文章の読み書き、計画を立てること、優先順位をつけることなどが苦手。重度になると、書かれた言葉や数量、時間や金銭などの概念を理解することが難しい。これらを理解しながら働く場を提供する必要がある。

▶ 就業者中に占める女性の比率

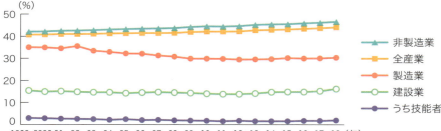

注：2011年は、東日本大震災で被災した岩手、宮城、福島3県を含まない
出典：総務省「労働力調査」

▶ 障がい者の就業

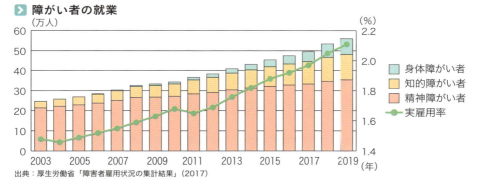

出典：厚生労働省「障害者雇用状況の集計結果」(2017)

い者の場合、言葉だけではうまく作業内容が伝えられないこともあるため、色分けした図面を見せながら、清掃道具の位置、廃棄物回収の順番、ゴミ箱の場所などを指示します。そうすることで、知的障がいがある場合でもすぐに手順を覚えることができ、作業を効率化することができるのです。

高齢者の活躍

　経験豊富で多くの知識を有する高齢者がいれば、技術や技能を伝承することにより、社員のスキル向上や人材育成につなげることができます。
　とりわけ、建設業は「経験工学」といわれ、年齢が高いほどよい仕事ができるとされています。つまり、高齢になっても現場で活躍できるという特徴を有しているのです。また、長く働くことで体も健康になり、さらに長く現場で活躍することができるでしょう。このような、健康上のメリットもあるのです。

Chapter1
05

働き方への取り組み

業務の平準化の取り組み

建設業界は、1年の間で工事量の偏りが大変多い業界です。春から夏は仕事が少なく、秋から冬にかけて仕事量が多くなります。それにより、さまざまな問題が生じています。

工事量の偏りの現状と平準化により期待される効果

　建設工事は、春から夏の閑散期と秋から冬の繁忙期に分かれます。図に見るように、4月～6月は工事量が少なく、年度末の1月～3月に工事量が多くなります。これは会計年度末である3月31日に竣工する工事が多いこと、また5～9月の雨が多い季節を避けて工事が計画されることがその原因です。閑散期には仕事が不足し、工事従事者の収入が減る可能性があります。一方、繁忙期は仕事量が過大になり、長時間労働や休暇が取りにくくなるという問題があります。この工事量の偏りを解消し、年間を通した工事量が安定することで、発注者・受注者それぞれに次の効果が期待されます。

不落
入札価格が落札の上限である予定価格を上回り、落札者が決まらないこと。

　発注者側の効果としては、まず、<mark>入札不調・不落を防止することができる</mark>点が挙げられます。収入が安定し、担い手確保対策にもつながります。繁忙期の業務量が減ることで、発注職員などの事務作業の集中も回避できます。

　受注者側の効果としては、稼働日数が増えることで<mark>経営の健全化</mark>につながります。また、残業が減少し、休日が増加することにより<mark>労働者の処遇が改善</mark>されます。さらに、建設機械をリースするよりも保有したほうが有利になり、その結果、<mark>災害時の対応が早く</mark>なります。

受注者による工事の平準化対策

　受注者が行う工事の平準化対策は、大きく3つあります。まず、閑散期に受注することです。<mark>春から夏の閑散期において工事を受注するように、営業を推進することが重要です。</mark>そのためには、お客さまの幅を広げる「増客戦略」、また一件当たりのお客さま

020

▶ 建設工事受注高の月別推移（2018年度）

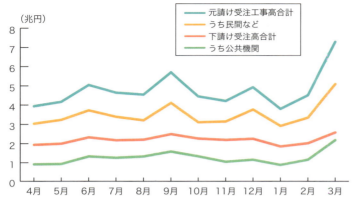

出典：国土交通省「建設工事受注動態統計調査報告」

▶ どうすれば平準化を進めることができるか

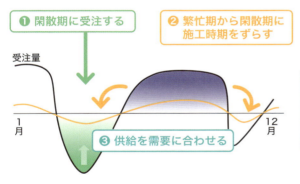

出典：国土交通省「公共工事の施工時期等の平準化に向けた取組みについて」

からの受注を増やす「安定戦略」を実施することが必要です。

次に、繁忙期から閑散期に施工時期をずらすことが必要です。発注者とよい関係をつくることにより、工期をずらすことを依頼する方法があります。このことで、工期の前倒し、先送りをすることが可能となります。

さらに、供給を需要に合わせる工夫が必要です。需要の多い時期に出勤日数を増やすことで、供給を需要に合わせることができます。例えば、勤務時間を分散して年間休日を工事量に合わせる方法があります。

COLUMN 1

サグラダ・ファミリアを造った日本人

スペイン、バルセロナの青い空を目指してまっすぐにそびえるサグラダ・ファミリア聖堂。1882年に始まった工事は、100年以上経った今でも内部から絶え間なくドリルやクレーンの音が響きます。

この現場で日本人が働いています。外尾悦郎さんです。1978年春、3カ月分の旅費だけを手にして、バルセロナにて見かけたのが、巨大な石の教会、サグラダ・ファミリア聖堂でした。

「俺にひとつ彫らせてほしい」と外尾氏は職人たちに頼み込みました。しかし、日本から来た得体のしれない若者に対して、なかなか一緒に仕事をする許しは出ません。やっとの思いで、ここで働くための試験にこぎつけ、合格するもスペイン語がわからず、職人たちとやり取りができません。ベテラン石彫り職人からは「おまえなんか、いついなくなっても何にも困らない」という冷たい視線が降り注がれます。

外尾氏はなんとか仲間に入れてもらおうと、みんなと同じように濁った酒を朝飯代わりに飲みました。

もしも一度でも「もうダメだ。できません。」と言えば仲間から外されてしまいます。「来る物は全部来い」の精神でなければならなかったのです。

ある日、サグラダ・ファミリアの一部である「植物の芽」を彫る依頼がきました。喜び勇んで取り組みますが、わからないことだらけ。誰も作り方を教えてくれません。やむを得ず毎日10時間石に向き合い彫り続けました。苦労の末、ついに14カ月後に完成しました。職人たちはその作品とそれまでの努力を認めてくれました。それまで「ハポネス（ニッポン人）」と言われていた外尾氏がはじめて「ソトオ」と呼ばれるようになった瞬間でした。

「生誕の門」を飾る15体の天使を彫るときには高熱がでて、立っていることもできなくなってしまいました。しばらくしてその症状が消えたのは、覚悟を決め、粗彫りを済ませた後でした。

外尾氏は日本人の誇りを持ってサグラダ・ファミリアを彫り続けています。

第2章

建設ビジネスのしくみ

建設業は大きく土木と建築に分けられます。発注者は
官公庁と民間に分けられ、それぞれ担うものが違って
います。この章では発注者、仕事内容を大づかみに捉
えて見ていきましょう。

Chapter2 01

業界の構成要素

建設とは土木と建築に大別される

建設業は大きく「土木」と「建築」に分かれます。土木と建築の違いをひと言でいえば、「地面の表面から下が土木、地面の表面から上が建築」です。

土木と建築の違い

土木とは、道路、トンネル、ダム、橋、河川などの分野を指し、これらはおおむね道路の表面から下に位置するものです。ただし、下水処理場のように地表面上に建物が建つなどの例外的な土木工事があります。建築とは、ビル、工場、マンション、学校など地面の上に建てるものをいいます。ただし同じように例外があり、ビルの地下部分などは地面の下に位置していても、建築工事になります。

学校は土木工学科、建築工学科に分かれる

建設技術は、高校や大学の土木工学科、建築工学科で学ぶ必要があります。

土木工学科では一時、学科名に「環境」「社会」「都市」などの言葉を組み合わせる動きがありました。そのため、社会環境工学科や都市環境工学科などという学科を持つ高校や大学も存在しますが、学科の内容は土木工学科とほぼ同様です。

なお、土木工学科や建築工学科以外に、建築設備の技術を学ぶ機械工学科、電気設備の技術を学ぶ電気工学科を経て、建設業界で設備技術者、電気技術者として働くことも可能です。

一方、工事現場で働く技能者（大工、鉄筋工、とび工など）は学歴不問です。土木工学や建築工学の知識がなくても、該当する技能の知識と手先の器用さがあれば、働くことができます。

土木はエンジニア、建築はアーキテクチャー

土木技術者のことをシビルエンジニアといいます。シビルとは都市の意味で、つまり「街づくりをするための技術者」という意

トンネル
山をくり抜いたり、都市部の地下を通り抜けたり、海を渡ったりする際に建造する。トンネルを専門とする技術者を「トンネル屋」ということがある。

ダム
治水、利水、発電の目的で河川などの水を堰き止める構造物。ダムを専門とする技術者を「ダム屋」ということがある。

エンジニア
技術者を指す。いわゆる「理系」の人。技士や技師という用語が用いられることもあるが、これは役職名や資格名に用いられることが多い（施工管理技士、コンクリート技士）。

024

▶ 土木と建築の違い

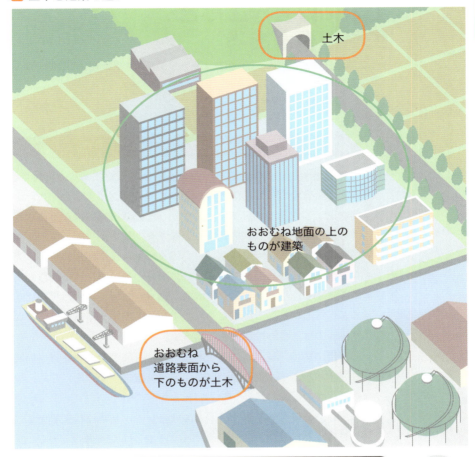

土木

おおむね地面の上のものが建築

おおむね道路表面から下のものが土木

建築基準法によると、建設物とは土地に屋根や柱または壁のようなものがある建物、それに附属する門または塀と定義されている。住居や事務所、学校、倉庫、店舗、遊園地やスポーツジム、映画館などが該当する。

味になります。

建築技術者のことを**アーキテクチャー**といいます。アーキテクチャーとは建築の様式のことであると同時に、建築物のデザインを考える技術者という側面もあります。なお、建築技術者であっても、構造設計を行う技術者や、設備技術者、電気技術者は、エンジニアと呼ばれます。

アーキテクチャー
建築技術者もしくは建築様式を示す。建築家とも呼ばれる。建築技術者はエンジニアとアーキテクチャーに分かれる。

Chapter2
02

土木業界①

土木には官庁工事と
民間工事がある

土木工事は、税金を財源とした官庁工事と民間資金を財源とした民間工事の
大きく2種類に分かれます。

官庁工事は税金が財源

官庁土木工事とは、国民の税金を財源とした工事のことです。
国民が、安全で安心して住むことのできる国土にするために、必
要な建設物を造っています。このような国民福祉の向上と国民経
済の発展に必要な公共施設のことをインフラストラクチャーとい
い、道路、河川、港湾、空港、公園、緑地、工業用地、上下水道
などがこれに該当します。これらは公共の福祉のための施設であ
ることから、民間事業として成立しにくいため、民間が供給する
ことが難しいという現状があります。そのため、政府や地方公共
団体が主体となって建設しています。

官庁工事は、税金が財源であるため、工期金額の適性度や品質
に関するチェックは、他の工事に比べて厳格です。そのため、検
査の回数や記録の量が一般的に多くなっています。

なお、官庁土木工事で造るものは社会資本と呼ばれますが、こ
こでは経済学における社会資本のことを指しています。一方で、
社会資本には、社会学におけるものもあり、これは社会的ネット
ワークにおける人間関係のことを指します。社会の信頼関係や
ネットワークなどの人間関係も社会資本と呼ばれているのです。

民間工事は企業・個人の資金が財源

民間土木工事は、企業や個人の資金を財源としている工事で、
住宅地や工場建設のための造成工事や基礎工事があります。また、
電力会社が水力、火力、原子力発電所を造る工事、そこで発電し
た電気を各地に分配する送電線を造る工事も民間土木工事です。
さらに、JRや私鉄などの鉄道会社がレールを造る軌道工事、ガ
ス会社がガス管を配備する工事、高速道路会社が高速道路を建設

インフラストラクチャー
インフラと略して呼ばれる。建設業が関連するのは、道路、河川、港湾、空港、公園、緑地、工業用地、上下水道などである。

官庁土木工事
国、都道府県、市区町村などが、道路、橋、トンネル、河川など国民生活に直結する施設を整備する土木工事。

026

▶ 官庁工事と民間工事

官庁工事

民間工事

したり、維持管理する工事も民間工事です。
　官庁工事に比べて、民間工事は財源が税金ではなく、企業の内部留保なので、チェックはさほど厳しくありません。しかし発電所、鉄道、ガス、高速道路など公共性の高い建設物は、多くの国民が使うものでもあるので、やはり厳しい管理が必要です。

Chapter2
03

土木業界②

土木の設計は
建設コンサルタントが担う

土木工事を行うためには、まず設計を実施する必要があります。土木工事の
設計を担う技術者を建設コンサルタントと呼びます。

土木設計は社会資本の設計

土木設計とは、社会資本の調査・計画・設計などの業務を行うことです。建設コンサルタントは、事業者である国、都道府県、市町村、さらには電力会社、鉄道会社、高速道路会社が執行する事業を支援し、パートナーとして社会資本の設計を行います。

例えば、道路を計画する場合であれば、まず道路を設置する位置を決めます。そして、その周辺を測量し、該当する場所の用地を買収する計画を立てます。さらに、道路の様式（二車線道路なのか、四車線道路なのかなど）を決め、構造（トンネルで通すのか、橋梁を架けるのか、またその場合どのような強度の構造物を造るのか）を設計します。これが土木設計技術者の役割です。

建設コンサルタントの種類

建設コンサルタント
土木工事の計画、設計、測量などを行う人や会社のこと。いわゆる経営コンサルタントとは意味が異なる。

架構
柱と梁で床や屋根などを支える構造をいう。

積算
建設物の必要な費用を算出すること。多くの工種を「積」み上げて計「算」するためこのように呼ぶ。

建設コンサルタントは、設計技術者、補償技術者、測量士の大きく3つに分かれます。

設計技術者が扱う「概略設計」では、道路を設計する際、まず道路のルート、カーブ、材料を決定していきます。橋であればまず形状や架構、構造、材料などを決定していきます。次に行う「詳細設計」は概略設計によって決められた大枠に従って、工作物そのものが成立するように詳細を詰めていきます。

設計技術者には、21の部門があります。「河川、砂防および海岸・海洋」「港湾および空港」「電力土木」「道路」「鉄道」「上水道および工業用水道」「下水道」「農業土木」「森林土木」「水産土木」「廃棄物」「造園」「都市計画および地方計画」「地質」「土質および基礎」「鋼構造およびコンクリート」「トンネル」「施工計画、施工設備および積算」「建設環境」「機械」「電気電子」の21部門です。

▶ 土木設計技術者の役割

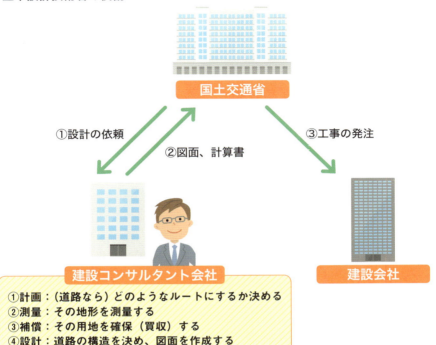

補償技術者は、公共事業を実施する際に、土地を取得したり、事業に支障となる建物などを移転してもらう場合の土地代金や建物などの移転料を算出します。これらの費用（補償）は、国民の税金をもとにして起業者である国、地方公共団体などによって支払われます。補償技術者は、大きく8分野に分かれます。「土地調査」「土地評価」「物件」「機械工作物」「営業補償・特殊補償」「事業損失」「補償関連」「総合補償」の8分野です。

測量士は、社会資本の建設予定地の地形を測量し、地形図を作成することを業務としています。

活躍の舞台は建設コンサルタント会社、建設会社

土木設計技術者は、多くの場合、建設コンサルタント会社に勤務して活躍します。一方で、建設会社にも土木設計の部門として、設計技術者が活躍する場面があります。

Chapter2
04

土木業界③

土木の維持管理で
道路、トンネル、橋梁を守る

土木施設は国民の生活や命を守っていますが、年月が経つと老朽化により、その機能を発揮しなくなります。土木施設の維持管理は国民の命を守る重要な仕事です。

維持管理の重要性

建設物が老朽化して施設の安全性が低下していくと、事故や災害を引き起こすことにつながります。道路やトンネル、橋梁が使えなくなると社会活動が停止し、人々の生活にも大きな影響を及ぼします。そのため、老朽化している部分を補修したり、交換したりして、建設物の強度を保ち、機能の劣化を防ぎます。

例えば、車で考えてみましょう。車を定期的に点検し、必要に応じて部品を交換したり、修理したりすると車の寿命は長くなります。一方、定期点検をせず、部品交換や修理を怠れば、車の寿命は短くなってしまうのです。これと同様のことが建設物でも起こります。つまり、定期的な維持管理を行わなければ、建設物を長く使用することができなくなるのです。

急がれる耐震工事

近年、大規模な地震が日本国土を襲っています。1995年の阪神・淡路大震災、2011年の東日本大震災がその例です。以前よりも大きな地震が起きた場合、その地震に耐えられるように橋梁や高架橋、ダムなどの建設物の耐震工事を進める必要があります。

特に古い耐震基準で造られた建設物は、最新の耐震基準に適合するよう、補強する必要があります。

必要性が増す防災工事

地球温暖化の影響で海水温が上がり、台風が強大化しています。その影響で降雨量が増え、風速が上がった結果、建設物の倒壊被害が懸念されるようになりました。このことから、今後想定される降雨量や風力に応じ、建設物を維持管理する必要性がますます

阪神・淡路大震災
1995年1月17日午前5時46分に発生した淡路島北部を震源地とするマグニチュード7.3の地震。6,400名を超える死者、4万名以上の負傷者、約25万棟の家屋被害が発生。被害総額はおよそ10兆円。

東日本大震災
2011年3月11日14時46分に発生した宮城県牡鹿半島の東南東沖を震源とするマグニチュード9.0の地震。死者・行方不明者は2万超名、建築物の全壊・半壊は合わせて40万超棟が発生。被害総額は16兆円〜25兆円。

▶ 建設にまつわる業種一覧

- **技術研究・技術開発**
教育機関・公的研究機関、総合建設会社、専門工事会社、建材・設備・機械メーカー（製品開発）

- **計画・調査・設計**
官公庁・地方自治体・インフラ系企業
地質・地盤調査会社
測量会社
建設コンサルタント（総合、都市計画系、交通系、鉄道系、電力・プラント系、道路・橋梁系、河川・砂防系、港湾・空港系、上下水道系、施工計画・積算系）
環境系コンサルタント、まちづくり会社
総合建設会社（構造設計・解析、景観デザインなど）
専門工事会社

- **施工**
総合建設会社（施工管理）
専門工事会社（道路系、橋梁系（鋼、コンクリート）、トンネル系、土工系、鉄道系、河川・砂防系、港湾・空港系、プラント系、造園系）
材料・機械・設備メーカー

- **運営・維持管理**
官公庁、地方自治体、インフラ系企業、専門工事会社、専門メーカー
材料・機械・設備メーカー、点検・補修会社
建設コンサルタント

第2章 建設ビジネスのしくみ

砂防ダム

写真提供：信和建設

法面工事

写真提供：丸ス産業

求められています。

具体的には、道路わきの法面（のりめん）工事を実施したり、堤防をかさ上げして河川を流下する水量を増やしたり、**砂防ダム**を建設して河川に流入する土砂量を減らしたりしています。

砂防ダム
比較的小さな河川に設置される土砂災害防止のための設備。一般のダムとは異なり、土砂災害の防止に特化したもので、海外では「SABO」と呼ぶ。

031

Chapter2
05

建築業界①

建築には公共工事と
2種の民間工事がある

建築構造物は、公共建築工事、民間建築工事（法人）、民間建築工事（個人）の大きく3つに分かれます。それぞれ税金、法人の資金、個人の資金を活用して建築されます。

公共建築工事では入札が行われる

国民の税金を財源とした建築を公共建築工事といいます。例えば、公立学校（○○市立○○中学校など）、公立病院（○○県立病院など）、公営住宅（県営住宅など）、町役場、市役所、県庁、国会議事堂、防衛施設などがあたります。官庁が事業主体となる公の建築物です。この場合、設計は設計事務所が、施工は建設会社が行うことが多いです。官庁が発注する工事は、一般に入札により会社が選定されます。

発注者で異なる2つの民間建築工事

法人の資金を財源とした建築を民間建築工事といいます。例えば、オフィスビル、工場、マンション、倉庫、遊園地、店舗、ショッピングモール、駅舎などがこれにあたります。法人の資金を活用し、法人が事業主体となる建築物です。

この場合、設計は設計事務所が、施工は建設会社が行うことが多いですが、建設会社が設計・施工とも行う場合もあります。発注にあたっては、入札により会社選定する場合と、施主が入札を経ずに決めることもあります。

個人が発注する民間建築工事の代表例は個人邸です。また、個人の資金を活用して賃貸住宅を建設することがあります。これは主として節税効果を想定して、個人が所有している土地に賃貸住宅やアパートを建設して家賃収入を得るというものです。

賃貸住宅を建設した初年度は、不動産投資による節税効果が見込めます。また、減価償却費をはじめ、固定資産税、借入金利、修繕費や管理費、火災保険料、投資のために発生した交通費なども経費として計上することが可能です。

入札
発注者が複数の業者から工事金額や技術提案を提出させ、最も評価の高い者と契約を行う発注形式のこと。

減価償却費
建設物や施設が劣化し価値の下落分を費用に振り替えることを減価償却費という。

▶ 建築工事の例

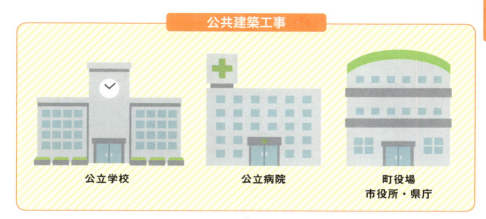

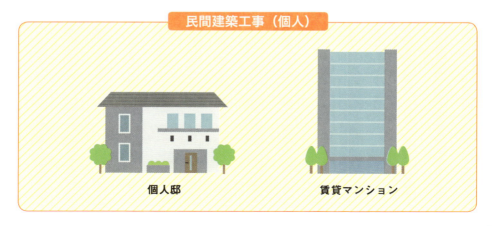

Chapter2
06

建築業界②

建築物の維持管理で寿命を延ばす

建築物は、年が経てば劣化し老朽化します。また空調・衛生設備や電気設備などは技術開発により年々進化しており、建築物を更新しないと陳腐化してしまいます。そのため建築物を継続的にメンテナンスすることが必要です。

ビルメンテナンスのメリット

ビルメンテナンスとは、建築物を使用するにあたり必要な維持管理、清掃、点検、修繕などを行うことをいいます。清掃管理業務、設備管理業務、警備防災業務、環境衛生管理業務に分かれ、建物をきれいに、美しく、快適な環境に保つために行う建築物の維持方法です。

ビルメンテナンスを的確に行うことで、ビルの価値が上がり、また省エネルギーが進むことでランニングコストが抑えられるというメリットがあります。

リフォーム、リノベーション、リニューアルの違い

リフォームとは、壊れていたり汚れていたり性能が低下したりした部分を改修して、老朽化した建物を新築の状態に戻すことをいいます。例えば、設備の変更や修繕、キッチンや風呂の入れ替え、壁紙の張り替えなどをリフォームと呼びます。

リノベーションとは、大規模にリフォームすることをいいます。「フルスケルトン」とは、躯体構造だけにして、すべての内装を改修することをいいます。

リニューアルとは、建物を新しい感覚にすることやイメージアップを図ることをいいます。例えば、店舗の売上向上を狙って全く別の印象の店舗にする、これがリニューアルです。

耐震工事の必要性

新たに設定された耐震基準に沿って、古い建築物の強度を上げることを耐震工事といいます。主として躯体構造を補強することで、大きな地震が来ても耐えられる建築物にすることが目的です。

省エネルギー

略して「省エネ」ともいう。電気をムダなく使うことで、エネルギーを効率的に使用し、消費量を節約すること。省エネ機器を使用することで、初期費用はかかるが、運営費が低減し、総コストを下げることができる。

ランニングコスト

設備や建物を維持するために必要となる電気、燃料などの費用。建設時にかかる費用はイニシャルコストという。

躯体構造

建築構造を支える骨組み。コンクリート、鋼材、木材により造られることが多い。

034

▶ ビルメンテナンスのイメージ

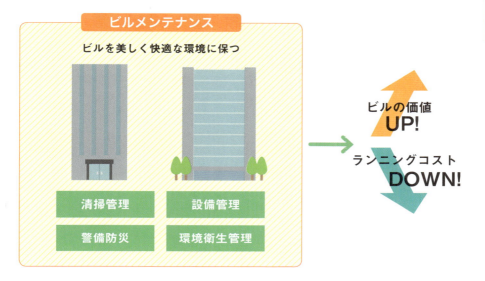

▶ 耐震工事の例

ビル耐震　　　　　　　　　　工場耐震

写真提供：花田工務店

　現在、多くの公共建築工事では耐震工事が進められていますが、民間建築工事についてはまだ十分に進んでおらず、今後、耐震工事が必要となってきます。
　いつ、どこで地震が起きるかはわからないので、早期に耐震工事を実施する必要があります。

Chapter2

07

建築業界③

建築設計には意匠設計、構造設計、設備設計がある

意匠設計は間取りやデザインの設計、構造設計は建築物が倒壊しないように構造強度を確保するための設計、そして設備設計は利用する人が快適に過ごすための設備である空調、音響、光、配管などの設計を行います。

デザインを担う意匠設計

意匠設計は、基本設計と詳細設計に分かれます。

基本設計とは、顧客の要望を聞き取り、それを形状や間取りに反映させることです。ここでは、顧客の要望、予算、法律に適合しているかどうかが大切になってきます。顧客が基本設計の内容に合意したら、契約を行い詳細設計に入ります。

詳細設計とは、コンセントや蛇口の位置・高さなど、工事するすべてのものについて細部を決定し、図面を作成することです。

つまり意匠設計者はデザイナーの要素が強く、アーキテクチャーと呼ばれます。

骨格を担う構造設計

意匠設計で決まったデザインをもとに構造設計を行います。構造の要素となる梁や柱の太さ、大きさ、形状を決定します。建築構造は、W造（Wood）木造、S造（Steel）鉄骨造、RC造（Reinforced Concrete）鉄筋コンクリート造、SRC造（Steel Reinforced Concrete）鉄筋鉄骨コンクリート造の4つに分類されます。構造設計において、最適な構造を選定します。

また地震に耐えることができる耐震構造や、地震の揺れを受ける制震構造、さらには地震の揺れを伝えない免震構造など、構造設計はより高度化しています（**8-10**参照）。

構造設計によって、当初の意匠どおり建築できないと判断されれば、意匠設計のやり直しとなります。このように意匠設計と構造設計は何度もやりとりをしながら、建設物の骨格を決めていくことになります。

鉄筋鉄骨コンクリート造

鉄骨の柱の周りに鉄筋を組み、コンクリートを打ち込んで施工する構造のこと。

免震構造

建物と基礎との間にゴムなどを設置し、構造上地盤と切り離すことで地震の揺れを建築物に直接伝えない構造のこと。

036

▶ 安全・快適で美しい建造物のための設計の3要素

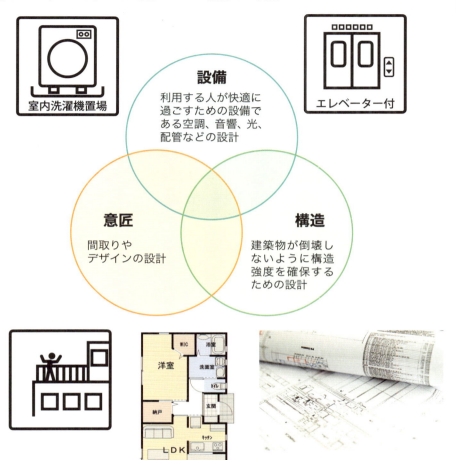

📍 快適を担う設備設計

　<mark>設備設計は快適に過ごすための設備である空調、音響、光、配管などを設計することです。</mark>例えば、ある部屋において、どの位置でも同じような温度であったり、どの位置でも同じような明るさであったりするためには、設備設計により必要な空調機器や照明機器を選定する必要があります。

　建設物内部にて、快適に過ごすことができるかどうかは、設備設計の良し悪しにかかっています。

Chapter2

08

建築業界④

プラント建設は
発電所や工場を造る

近年、工場夜景ツアーが人気です。照明に照らされた工場が幻想的に見えるためです。建設業界の視点で見ると、工場建設とプラント建設とは内容が異なりますし、必要な技術も別のものになります。

プラント
化学製品などを製造する工場のこと。通常は工場で製作したプラント機械を現地に据え付け、配管、配線して建設する。

放射能
ラジウム・ウランなどの放射性元素が、自然に放射線を出す性質。人体に大きな影響を及ぼす。

クリティカルパス
建設工事全体の工期に直接影響する工程のこと。この工程が遅れると全体工期も遅れるため、限界工程とも呼ばれる。

工場建設とプラント建設の違い

工場建設は建築工事の意味合いが強く、機械設備に関する建物の建設とイメージするといいでしょう。工場にはさまざまな種類があるため、工場建設ではそれぞれに対応した技術が必要になります。

例えば、食品工場では衛生面が特に求められるため、衛生に配慮した技術や知識が必要になります。化学工場であれば、危険物を取り扱うため、化学物質の知識が必要となります。原子力発電所であれば、放射能の知識が欠かせません。

一方、プラント建設とは生産設備を建設することです。例えば、化学プラントであれば、その生産設備における機械設計や化学的設計、設備を載せる架台やその周辺の建物の設計、そしてその建設をいいます。発電所プラントであれば、発電設備を計画し建設します。

工場建設もプラント建設も、予定日までに完成しなければ事業開始日が遅れ、その結果生産ができなくなるため、莫大な損失につながります。そのため、工程管理が重要になります。

プラント建設は大規模

プラント建設は、一般の建設工事に比べて大規模になることが多いです。ダムやトンネル工事は数十億〜100億円程度ですが、プラント工事の場合、数百億〜1兆円規模にもなります。プラント工事が高額になる理由としては、プラントに用いる機械や設備が特殊であることが挙げられます。特殊な機械や設備であるが故に、製造に時間がかかるためクリティカルパス（限界工程）を意識して工程管理を行うことが重要になります。

038

▶ プラント建設のイメージ

写真提供：日新電機

発電プラント、受・変電プラントの建設工事では、工場で製作した設備を現場に設置し、配電・試運転を行う。建設の知識に加えて、電気の知識が必要だ。

　プラント工事はEPC事業として行われることが多いです。一定の制限下で目標どおりに完成させるべく経営資源や技術・情報などを、一元管理することで設計（Engineering）・調達（Procurement）・建設（Construction）という3つのフェーズを一括して行います。

海外にも活躍の舞台がある

　プラント工事は、日本のみならず海外で行うことも多数あります。多くの日本企業が海外に進出して、発展途上国でプラント建設を行っています。日本の優秀なプラント施工管理技術者が、海外で大規模なプラント工事を成功させる事例がますます増えています。

企画開発

デベロッパーとは都市開発者

Chapter2
09

街づくり、マンション開発、宅地開発の発注者はデベロッパー（開発者）と呼ばれます。デベロッパーの仕事は、山野をにぎやかな街に変えるというダイナミックなものです。

デベロッパーは開発の計画を立てる

建設業の中には、デベロッパーという仕事があります。デベロッパーとは、都市開発、新築マンション開発、宅地開発、都市再開発、リゾート開発を行う会社です。

では、ゼネコン（2-11参照）とデベロッパーとはどのような関係でしょうか。ゼネコンもデベロッパーも街をつくり、都市を開発する仕事をしていますが、それぞれの役割が異なります。

例えば、新築マンションを開発する場合、デベロッパーは、建築用地を確保し、建物計画、街の計画を立てます。その工事を施工するのがゼネコンです。

都市の開発に必要なこと

土地を活用して街、市街地、工場用地を整備するのがデベロッパーの仕事の一つです。道路を広げたり、道路の位置を変更したりするなども併せて計画されることが多くあります。また、商業施設、医療施設、公共施設をつくり、街づくりを行います。例えば、豊洲では市場の建設に合わせて、「ららぽーと」といった大型商業施設も建設され、周辺での高層分譲マンションの開発や関連道路も整備されました。虎ノ門ヒルズの建設に合わせた周辺地域の再開発もデベロッパーの仕事です。

マンション開発もデベロッパーの仕事です。デベロッパーは土地を購入し、マンション計画を立案します。その土地の状況を調べた上で、マンション規模、間取り、仕様を決定します。

またデベロッパーは、土地を購入し、宅地や建売住宅の企画や販売も行います。さらには、駅、商業施設、医療施設、公共施設を建設し住みやすい街づくりを行います。

建築用地
建物の建築に使用する土地。動かないため不動産ともいう。ちなみに動産とは、動かせるものをいい、お金や家具などをいう。

市街地
市街地とは、家屋や商店が密集した土地を指す。比較的人口の多い街のことを指すことが多い。

建売住宅
土地と住宅をセットで販売する新築分譲住宅のこと。すでに「建」っている住宅を土地とともに「売」るので「建売」という。

040

▶ デベロッパーの仕事（マンション開発の場合）

デベロッパーの仕事	説明	関連者
土地の取得	土地の地権者と直接、もしくは不動産仲介会社、銀行、金融機関を介して交渉した上で、土地を購入する	土地の地権者、不動産仲介会社、銀行、金融機関
企画	戸数、部屋の大きさ、間取り、マンション外観、販売価格をマンション周辺との調和や市況を考慮して決める	
設計	設計事務所に設計を委託する。企画をもとに、意匠設計、構造設計、設備設計を行う	建築設計事務所
開発許可、建築確認の取得	都市計画法「開発許可」、建築基準法「建築確認」を取得する。この手続きに不備があると、後ほど大きな問題になるので注意が必要	建築設計事務所
販売計画の作成	販売戦略を立て、広告の打ち方、モデルルームの作り方を検討する。広告代理店に委託することもある	広告代理店
建設工事	建設会社に工事を発注する。デベロッパーは、計画どおりに施工していることを確認する	総合建設会社、専門工事会社
販売	建設工事と並行してマンション販売を行う。販売代理店に委託することもある	販売代理店

第2章 建設ビジネスのしくみ

デベロッパーが何か、イメージがつきにくいかもしれない。東京の六本木や虎ノ門などで高層ビルや大規模商業施設、美術館などを手がける森ビル、三井アウトレットパークの三井不動産、東京駅周辺を再開発した三菱地所などはデベロッパーの大手だ。

業界を構成する業種

Chapter2
10

許可が必要な建設業の29業種

建設業を営むためには、許可を受ける必要があります。その際、29業種のうちのいずれかを選定し、許可を受けることになります。これを、建設業登録といいます。

土木一式工事業	土木工作物を建設する工事
建築一式工事業	建築物を建設する工事
大工工事業	大工工事、型枠工事、造作工事
左官工事業	左官工事、モルタル工事、モルタル防水工事、吹き付け工事、とぎ出し工事、洗い出し工事
とび・土工・コンクリート工事業	足場の組み立て、機械器具・建設資材などの重量物の運搬配置、鉄骨などの組み立て、くい打ち、くい抜きおよび場所打ぐいを行う工事、土砂などの掘削、盛上げ、締固めなどを行う工事、コンクリートにより工作物を築造する工事、その他基礎的ないしは準備的工事
石工事業	石積み（張り）工事、コンクリートブロック積み（張り）工事
屋根工事業	瓦、スレート、金属薄板などにより屋根をふく工事
電気工事業	発電設備、変電設備、送配電設備、構内電気設備などを設置する工事
管工事業	冷暖房、空気調和、給排水、衛生などのための設備を設置、または金属製などの管を使用して水、油、ガス、水蒸気などを送配するための設備を設置する工事
タイル・れんが・ブロック工事業	コンクリートブロック積み（張り）工事、レンガ積み（張り）工事、タイル張り工事、築炉工事、スレート張り工事
鋼構造物工事業	形鋼、鋼板などの鋼材の加工または組み立てにより工作物を築造する工事
鉄筋工事業	棒鋼などの鋼材を加工し、接合し、または組み立てる工事
舗装工事業	道路などの地盤面をアスファルト、コンクリート、砂、砂利、砕石などにより舗装する工事

スレート
セメントと繊維素材を混ぜたり吹き付けたりして、薄い板状に加工したもの。屋根素材として用いる。

形鋼
かたこう。ローマ字のHの形、Iの形などの形状に成形された鋼材は、それぞれH形鋼、I形鋼という。

鋼板（こうはん）
鋼材を板状に加工したものをいう。

042

浚渫工事業	河川、港湾などの水底を浚渫する工事
板金工事業	金属薄板などを加工して工作物に取り付ける、または工作物に金属製などの付属物を取り付ける工事
ガラス工事業	工作物にガラスを加工して取り付ける工事
塗装工事業	塗料、塗材などを工作物に吹き付け、塗り付け、または張り付ける工事
防水工事業	アスファルト、モルタル、シーリング材などにより防水を行う工事
内装仕上工事業	木材、石膏ボード、吸音板、壁紙、たたみ、ビニール床タイル、カーペット、ふすまなどを用いて、建築物の内装仕上げを行う工事
機械器具設置工事業	機械器具の組み立てにより工作物を建設する、または工作物に機械器具を取り付ける工事
熱絶縁工事業	工作物または工作物の設備を熱絶縁する工事
電気通信工事業	有線電気通信設備、無線電気通信設備、放送機械設備、データ通信設備などの電気通信設備を設置する工事
造園工事業	整地、樹木の植栽、景石(けいせき)の据え付けなどにより庭園、公園、緑地などの苑地を築造したり、道路、建築物の屋上などを緑化、または植生を復元する工事
さく井工事業	さく井(せい)機械などを用いてさく孔、さく井を行う工事またはこれらの工事に伴う揚水設備設置などを行う工事
建具工事業	サッシやシャッターの取り付けなど、建具を設置する工事
水道施設工事業	上水道、工業用水道などのための取水、浄水、配水などの施設を築造する工事または公共下水道もしくは流域下水道の処理設備を設置する工事
消防施設工事業	火災警報設備、消火設備、避難設備もしくは消火活動に必要な設備を設置する、または工作物に取り付ける工事
清掃施設工事業	し尿処理施設またはごみ処理施設を設置する工事
解体工事業	工作物を解体する工事

第2章 建設ビジネスのしくみ

浚渫
しゅんせつ。港湾・河川・運河などの底面をさらって土砂を取り去る土木工事のこと。通常は浚渫船と呼ぶ船にて行う。

シーリング材
建築物の防水性を高めるために、コンクリートなどの継ぎ目や隙間を詰める材料。

吸音板
音波の振動を熱エネルギーに変換させることで音量を低下させる板。これに対して遮音板とは、音を跳ね返すことで音量を低下させる板をいう。

熱絶縁
熱エネルギーを無駄なく利用するために、ビル、マンション、工場、発電所、化学プラントなどの機械や配管類に対し、保温・保冷工事を行う工事。

さく孔
地盤に穴を開けること。比較的小さな穴を「孔」、大きな穴を「坑」と呼ぶ。

さく井
石油や水を吸い上げるための井戸を掘ること。

Chapter2

11

業界の詳細①

ゼネコンと専門工事会社の違い

建設工事は、ゼネコンと専門工事会社が協働して行います。それぞれが役割
分担をして、工事を進めます。ゼネコンと専門工事会社がどのような仕事を
しているのか、どのように仕事を分担しているのかを考えてみましょう。

ゼネコンは研究、設計、施工を行う

ゼネコンとは、「General Contractor（ゼネラルコントラク
ター）」の略称で、日本語では「総合建設業」といいます。ゼネ
コンでは、建設に関する研究、設計、施工を行います。

研究とは、建設事業に関する新技術や新工法を研究することで
す。例えば、素材であるコンクリートや鉄の研究、ICT、すなわ
ち情報通信技術（8-01参照）を用いた業務や工事の効率化などの
研究を進めます。さらには、耐震工事や免震・制震工事などの研
究も行います。

設計とは、建設物の設計をすることです。ゼネコンは、設計・
施工を一括して受注することがあります。その場合、発注者の意
を汲んだ設計をし、施工を一括して行うことで、効率的な工事事
業の運営を進めます。

施工の際、ゼネコンの社員が行う仕事は、施工管理と呼ばれる
ものです。施工管理とは、「品質管理」「原価管理」「工程管理」「安
全管理」「環境管理」の5つを行うことで、良いものを早く・安
く・安全に・環境に優しく施工するための管理をするということ
です。

一般にゼネコンの技術系社員は、施工管理者、施工管理技術者、
現場監督などと呼ばれます。

大手ゼネコン、地方ゼネコンの違い

ゼネコンは、大手ゼネコンと地方ゼネコンに分かれます。

大手ゼネコンとは全国に支店を有し、全国各地で工事をする会
社です。地方ゼネコンとは各地域に本社を置き、多くの場合、支
店を有しません。その地域の工事のみを受注し、施工する会社を

総合建設業
発注者から建築・土
木工事を一体で元請
けとして直接請け負
う建設会社のこと。

ICT
ICTとはInforma-
tion and Commu-
nication Technol-
ogyの略で、コン
ピュータ処理技術や
ネットワーク技術の
総称。ITとほぼ同義
だが、ICTでは情
報・知識の共有に焦
点をあてている。

▶ 大手ゼネコンと地方ゼネコン

いいます。

　先ほどゼネコンの定義として、研究、設計、施工をすると述べましたが、これは大手ゼネコンが有する3つの機能です。地方ゼネコンの多くは、施工のみを行う場合がほとんどです。

部分的な工事を請け負う専門工事会社

　専門工事会社とは、大手ゼネコン・地方ゼネコンの下請けとして、土木建築工事の専門的分野を部分的に請け負う建設会社を指します。専門工事会社のことを、サブコン「sub-contractor（サブコントラクター）」と呼ぶこともあります。

　ゼネコンが土木工事や建築工事一式を一括して請け負う会社であるのに対して、専門工事会社は一部の業種を下請けという形で受託します。そのため、ゼネコンには総合的に管理する技術力はありますが、各業種、各工種の技術力については、専門工事会社のほうが高いことも多く見受けられます。

下請け
元請け会社が受注した工事の一部を受注すること。例えば、A社がB社に発注した仕事の一部を、B社がC社に発注した場合には、B社はA社の下請け、C社はB社の下請けという。

Chapter2 12

業界の詳細②

技術者と技能者はここが違う

建設工事に関与する人は、大きく技術者、技能者に分かれます。どちらが欠けても工事は進みません。求められるスキルが異なるため、自分の適性を考えて職業を選択する必要があります。

技術者とは

技術者とは、技術の力を用いて建設事業を推進する人のことで、英語ではエンジニアといいます。

技術者は大きく2つに分かれます。設計技術者や開発技術者と、施工管理技術者です。

設計・開発技術者とは、建設事業に関して設計をしたり開発の計画をする技術者です。これから始まる建設事業に対して、大きな計画を立て、設計をし、幅広い選択肢の中から最適な事業計画を立案する能力が求められます。

施工管理技術者とは、すでに作成された設計図や設計仕様に基づいて施工計画を立て、実際に建設する際に起こるさまざまな課題を解決しながら完成にまで導く役割を持った技術者です。

建設業法においては、施工管理技術者に必要な資格として、「監理技術者」「主任技術者」があります（**2-14**参照）。

技能者とは

技能者とは、実際に現場において手や足を使ってものづくりをする人のことをいいます。技能者は、職人と呼ばれる特殊な技能を持つ技能者と一般作業員の大きく2つに分かれます。職人はそれぞれの専門分野において特殊技能を有し、仕事を進めます。例えば、大工、左官、塗装工など手に職を付け仕事を進める人のことを指します。一般作業員とは高度な技能を必要とせず、例えば、荷物を運搬する、清掃するなどの比較的単純な労務を行う人のことをいいます。

技能労働者の資格として、「一級技能士」「二級技能士」また「登録基幹技能者」という資格があり、10年以上実務経験を有する

建設業法
建設業者の資質の向上、請負契約の適正化などを図ることを目的として1949年に制定された法律。建設会社の基本となる法律。

左官
壁を塗る職人。

塗装
塗料を塗る、または吹き付けること。

技能士
技能士とは技能検定に合格した人に与えられる国家資格。技能検定は全部で130職種の試験がある。いわばプロ技能者の証である。

登録基幹技能者
技能とともに、現場をまとめ、効率的に作業を進めるためのマネジメント能力に優れた技能者に与えられる資格。いわばプレーイングマネジャーである。

046

▶ 技術者と技能者の違い

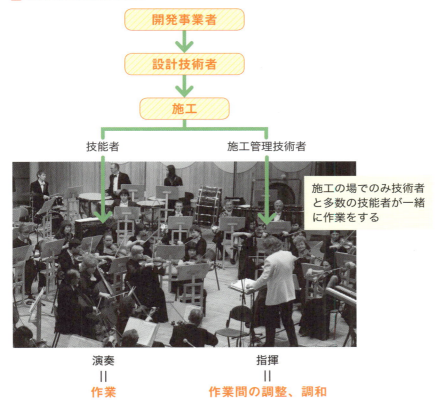

技能者は「主任技術者」と呼ばれることもあります。

技術者と技能者の違い

　工事現場において、技術者と技能者の違いはオーケストラに例えられることが多いです。施工管理技術者は指揮者、そして技能者が演奏者です。施工管理技術者の指揮のもと、それぞれの技能者が、トランペットやバイオリンなどそれぞれのパートに分かれて施工を行うのです。指揮者は全体をとりまとめ一つの音色になるように調整する役割があり、演奏者は自分のパートをよりよい音色で演奏する役割があります。

　このように、技術者と技能者は明確に役割が分かれており、どちらか一方が欠けても建設工事を進めることはできません。

Chapter2
13

業界の詳細③

共同企業体の制度の目的

規模の大きな工事は、1社のみで対応すると負担が大きく、リスクも大きいため、数社が一緒になって、工事施工することがあります。これを共同企業体（ジョイント・ベンチャー）方式といいます。

共同企業体制度

ベンチャー
ベンチャーとは、企業として新規プロジェクトへ取り組むことをいう。ベンチャービジネスとは新規事業を指すことが多いが、ここでは既存の企業が新たな工事に取り組む場合である。

　共同企業体とは、ジョイント・ベンチャー（JV）と呼ばれ、建設企業が単独で受注・施工を行う通常の場合とは異なり、複数の建設企業が一つの建設工事を受注・施工することを目的として形成する事業組織体のことをいいます。

共同企業体の方式の種類

　大規模かつ技術難度の高い工事の施工の場合は、技術力を結集して安全施工を確保するために、特定建設工事共同企業体（特定JV）と呼ばれるJVが組織されます。工事ごとに組織され、工事終了後に解散します。経常建設共同企業体（経常JV）は、中小・中堅建設企業が技術力、経営力を強化することを目的に継続的な協業関係を確保する場合に結成されます。地域維持型建設共同企業体（地域維持型JV）は、災害応急対応、パトロール、除雪など地域の維持管理に不可欠な事業につき、地域事情に精通した中小建設業者が継続的な協業関係を確保する場合に組織されます。

共同企業体の施工方式

工区
工事区分の略で、長距離・広範囲にわたる工事のとき、区切られた範囲。

　共同企業体の施工方式には2種類あります。甲型共同企業体（共同施工方式）は、全構成員が各々あらかじめ定めた出資の割合に応じて、資金、人員、機械などを拠出して一体となって工事を施工する方式で、利益も出資比率に応じて分配されます。乙型共同企業体（分担施工方式）は、共同企業体が請け負った工事において、あらかじめ複数工区に分割して、各構成員がそれぞれの分担した工事について責任を持って施工する方式です。利益は工区ごとに清算されます。

048

共同企業体における技術者の配置

● 甲型共同企業体（共同施工方式）で小規模工事の場合

それぞれの企業は主任技術者を配置する必要がある

● 甲型共同企業体（共同施工方式）で大規模工事の場合

構成企業のうち一社が受注金額の規模に応じて監理技術者を配置し、その他の構成企業は主任技術者を配置する

● 乙型共同企業体（分担施工方式）で小規模工事の場合

乙型JVは分担施工のため、それぞれの企業が主任技術者を配置する必要がある

● 乙型共同企業体（分担施工方式）で大規模工事の場合

それぞれ分担した工事の施工金額に応じて、監理技術者もしくは主任技術者を配置する必要がある

Chapter2
14

業界の詳細④

個人取得の資格とプロジェクトに必要な資格

建設構造物は、その品質の良し悪しが人の命に関わり、長く機能を維持しなければならないため、工事を実施するには技術知識と経験に裏付けされた資格が必要とされています。

プロジェクトに必要な配置技術者

プロジェクトの規模に応じて監理技術者もしくは主任技術者を配置しなければなりません。大規模工事においては監理技術者、小規模工事においては主任技術者を配置する必要があります。なお、監理技術者、主任技術者とも請け負った建設会社との間に直接的かつ恒常的な雇用関係が必要とされています。

専任で配置する技術者

大規模工事においては、工事ごとに専任の技術者を配置する必要があります。専任とは他の工事現場に係る仕事を兼務することなく、常時継続的にその工事に係る職務にのみ従事することをいいます。また、元請けと下請けでは右図のように配置すべき技術者が異なります。

配置技術者に必要な資格

施工管理技士
工事全体を管理する人のことで、一般の人からは「現場監督」「監督さん」と呼ばれることが多い。

監理技術者になるためには、一級施工管理技士の資格を取得する必要があります。また、主任技術者となるためには、一級施工管理技士または二級施工管理技士、あるいは10年程度の実務経験が必要です。

建設業29業種（**2-10**参照）のうち、右表の7業種は、社会的責任が大きく、他の業種に比べて総合的な施工技術を必要とします。そのため、特定建設業の許可を受けようとする際の専任技術者は、一級の国家資格者、技術士の資格者または国土交通大臣が認定した人に限られます。実務経験のみでは専任技術者になることはできません。

050

▶ 現場技術者の配置例

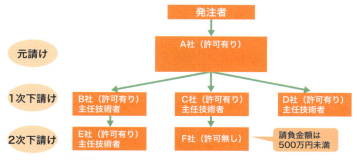

※「許可有り」とは建設業許可を有していること。

▶ 指定建設業における専任技術者の資格要件

土木工事業	一級建設機械施工技士、一級土木施工管理技士（3-05）、技術士
建築工事業	一級建築施工管理技士（4-05）、一級建築士
電気工事業	一級電気工事施工管理技士（4-05）、技術士
管工事業	一級管工事施工管理技士（4-05）、技術士
鋼構造物工事業	一級土木施工管理技士、一級建築施工管理技師、一級建築士、技術士
舗装工事業	一級建設機械施工技士、一級土木施工管理技士、技術士
造園工事業	一級造園施工管理技士、技術士

一級建築士
建築工事の設計を行う人のことで、一般の人からは「先生」と呼ばれることが多い。

▶ 一級建築士の資格取得まで

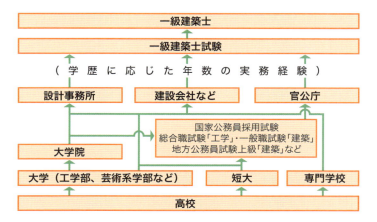

COLUMN 2

台湾の農作物を守った16,000kmの給水路

2011年3月11日、日本を襲った東日本大震災に対して、台湾から世界最多の義援金が届きました。

台湾は、日本の50年にわたる植民地統治の中で、インフラ建設によって、何とか本土並みにしようという日本人の前向きな姿勢に触れました。それが、台湾が親日国家となった一因です。

日本が台湾で行ったインフラ建設の中で最大のものが、当時東洋一の規模を誇る烏山頭ダムです。水を農地に運ぶ水路は16,000kmにわたってはりめぐらされ、10万ヘクタールを超える農地に灌漑用水を提供し、荒れ地を農地に変えました。

烏山頭ダムを見下ろす高台に、建設を推し進めた八田與一氏の銅像があります。

八田氏はダムを施工する方法をセミ・ハイドロリック・フィルダム方式で計画しました。日本ではまだ実績のない工法でした。アメリカ人技術者からは「日本で実績がなく、しかも君のような若い技術者ではとうてい無理だろう」と反対されました。これはアメリカの土木技術に対する

日本の土木技術の挑戦と考え、八田氏は一つひとつ丹念に技術的に説明をし、ついに意見を通したのです。

工事が始まりましたが1922年12月6日烏山頭隧道工事現場にて大爆発が起こり、多くの被害が出ました。もう工事を止めようかと思いましたが「ダムからの水を待っている人がいる」の言葉が八田氏に勇気を与えたのです。

翌1923年9月1日、関東大震災が発生しました。そのため、台湾総督府は資金難に陥り、工事への補助金が大幅に削減されることとなりました。八田氏は人員削減の要求を受けながらも、働く人たちの生活を守るために、雇用を可能な限り守りました。現場で働く人たちは「私のような仕事ができない者に、仕事を続けろと言ってくださるなんて。八田さんは仏様のような方だ」と今まで以上に工事に励んだのでした。

多くの犠牲を払いながらも1930年2月、ついに烏山頭ダムが竣工しました。満々と水をたたえるダム湖を、今も高台から八田氏が見つめています。

第 3 章

工種と業種でわかる
土木業の基本

土木工事は約8割を公共工事が占めます。生活に密着
したものから普段は目にすることのないものまで、ど
のような工事が行われているのかを詳しく見ていきま
しょう。

Chapter3
01

土木業界の概要①

大きく6つに分かれる土木工事

土木工事とは、地面の表面から下の構造物を造る工事を主として指します。
土木工事は、道路工事、河川工事、港湾工事、空港工事、鉄道工事、上下水
道工事に分かれます。

生活に欠かせない道路工事

　道路工事（**3-09**参照）は、高速道路、国道、都道府県道、市町
村道に分かれます。高速道路は高速道路会社、国道は国土交通省、
都道府県道は都道府県、市町村道は市町村が計画し、施工します。

　道路は人や車の流れをスムーズにし、**物流**を円滑にすることで、
国民生活を豊かにすることができます。一方、自然災害などで道
路が不通になると、国民生活に大きな支障を与えてしまうため、
早急に復旧しなければなりません。建設工事に加えて補修・改修
工事も建設業の大きな役割です。

物流
生産物を、生産者か
ら消費者へ引き渡す
までの過程のこと。
物の流れがスムーズ
になれば、物流コス
トが下がり、国際競
争力が高まる。

河川工事による利治水は必須

　河川（**3-09**参照）は、一級河川、二級河川、準用河川に分かれま
す。一級河川とは国土交通大臣が指定した河川、二級河川とは都道
府県知事が指定した河川、準用河川は市町村長が指定した河川です。

　日本は**急峻**な地形であり、梅雨期や台風期に豪雨が集中すると
いう厳しい自然環境にあります。そのため、ひとたび大雨が降る
と、河川に水が一気に流れ出し洪水をもたらします。一方で、日
照りが続けば川の水が減って水不足に陥り、生活や経済活動に影
響を与えます。

急峻
山の傾斜が急で、険
しいこと。日本は
3,000m級の高い山
が多数あり、国土が
狭いために勾配が急
になる。

　さらに、下流域の河川周辺は高密度に利用されていることが多
く、治水のためだけに川幅を広げておくことは効率的ではありま
せん。また、高度利用されている下流域の標高は一般に低く、堤
防を嵩上げすることは一旦災害が発生した場合、かえって被害を
大きくしてしまいます。そのため、洪水を防ぎ、水が豊富なとき
に貯水し、水不足のときに補給するダム（**3-06**参照）は有効な
河川整備手法です。さらに、ダムによる水力発電は、**クリーンエ**

道路工事

港湾工事

空港工事

写真提供：中部土木

道路舗装工事

河川工事

写真提供：中部土木　　写真提供：中部土木

ネルギーとしてますます重要視されています。

このように、河川や地域の特性を踏まえて、堤防、遊水池、ダムなどを適切な組み合わせで計画し施工することが重要です。

輸出入に必須の港湾建設工事

日本では、国民生活や産業を支えるエネルギーの約9割、食料の約6割を海外に依存しています。その99％以上が港湾を経由しており、港湾（3-11参照）を用いた物流ネットワークの構築は大変重要です。そのため、船舶航行の安全性と海上輸送の効率性を両立させた港湾建設工事が欠かせません。また、循環型社会への転換を進めるため、廃棄物処分場、リサイクル関連施設、廃棄物受け入れ・積み出しふ頭などの物流拠点の整備も今後進めていくべきでしょう。

さらに、賑わいと潤いのある水辺空間の創出、商業・居住空間の充実といった港づくり、街づくりも行われています。

海外との窓口、空港建設工事

空港（3-11参照）とは、公共の用に供する飛行場のことです。主に、旅客機・貨物機などの民間航空機の離着陸に用います。日本は島国のため、海外へ移動するには空港を経由し飛行機で移動することが欠かせません。そのためにも空港建設の重要性は高くなっています。

第3章　工種と業種でわかる土木業の基本

クリーンエネルギー
化石燃料の利用は温暖化ガスの排出、原子力エネルギーの利用は廃棄物の処理の点で環境へ負荷を与える。負荷を低減するための新たなエネルギー源として水力、風力、太陽光、地熱などが利用されている。

遊水池
洪水にて河川の流量が増えたとき、氾濫を防ぐために流水を一時的に貯める土地のことを指す。

循環型社会
資源を廃棄することなく、循環利用できる社会をいう。物流拠点をつくり資源を循環させることで、持続可能な地球環境をつくることができる。

ふ頭
港湾にて船舶の乗客や貨物の乗り降りが行われる場所。「埠」が常用漢字に入っていない字であるため、ふ頭と表記される。

055

鉄道工事

工事中

夜間工事中

急カーブしているホーム

電車とホームとの距離が狭い場所と、広い場所ができる。
線路の整備が数ミリずれるだけで、線路からの脱線や、ホームとの接触をしてしまうので、線路整備者は細心の注意が必要だ。

📍 レールまわりの鉄道工事

　鉄道とは、2本のレール上を列車で走らせ、人や荷物を運ぶ交通機関、交通システムをいい、運行管理や信号保安などを行う施設も含まれます。

　鉄道が走る軌道工事を行うのは土木工事、駅舎を建設するのは建築工事として行われています。

　鉄道を運営するのはJR、および民間企業が運営する私鉄です。日本は世界でも有数の鉄道国家であり、日本の鉄道技術を海外に輸出することも広く行われています。また、リニア中央新幹線（1-03、9-01参照）という浮上式鉄道も今後ますます発展していくことでしょう。

駅舎
鉄道の駅の建物。近年、ビジネスの拠点にもなっており、年々豪華な建物になっている。

浮上式鉄道
プラスとマイナスの磁力が反発する力を利用し、走行路を非接触状態で走行する。東京〜大阪間で計画されている。

▶ 浄水場工事

工事中

写真提供：熊谷組

完成図

写真提供：ひたちなか市水道事業所

▶ 下水処理場工事

工事中

写真提供：熊谷組

完成

写真提供：熊谷組

下水道工事（推進工事）

写真提供：熊谷組

普及率を上げたい上下水道

　水（3-10参照）には、上水、中水、下水の3種類があります。

　上水とは、水道水など飲用に適した水のこと。中水とは、水洗トイレの用水や公園の噴水など飲用に適さないが、雑用、工業用などに使われる水のこと。下水とは、生活排水や産業排水、雨水などの汚水のことで、終末処理場に集約して処理します。

　上水は、上水道、浄水処理施設などを土木工事として建設します。また、下水管、下水処理施設も土木工事として建設します。

　現在、上水道の普及率は98.0％、下水道の普及率は79.3％です。世界的にみると高水準ですが、先進国の中では下水道普及率100％に近い国が多く、今後ますます開発の必要があります。

終末処理場
汚水を最終的に処理して海や川に放流する場所をいう。きれいな海や川を守り、生態系を保全するために重要な施設である。

浄水処理施設
河川から取水した水や地下水などを浄化・消毒する施設。水道水をそのまま飲める国は、日本を含めて世界に15か国しかない。

第3章　工種と業種でわかる土木業の基本

Chapter3
02

土木業界の概要②

工場設備を造るプラント工事

プラントとは工場の生産設備一式のことです。プラント工事とはエネルギー関連のプラント（石油精製、液化天然ガス）、発電プラント、化学プラントを建設する工事のことをいいます。

石油、ガス関連のプラント

石油精製プラントは、**燃料油**や**石油化学製品**の原料ナフサなどを製造します。原油を加熱し、混合物の沸点の差を利用して、常圧蒸留装置という高さ50mほどの塔内で分離濃縮します。沸点の低い物質（LPG（液化石油ガス）、ナフサなど）は上段で取り出され、沸点の高い物質（潤滑油、重油など）が底部から取り出されます。

LNG（液化天然ガス）は、本来気体の天然ガスをマイナス162℃程度にまで冷却して液体にしたもので、体積が600分の1にまで減るため、大量輸送・貯蔵に適しています。環境への負荷が小さく、生産地から離れたアジアを中心に需要が拡大しており、主に火力発電所の燃料に使われます。日本はLNGプラントの技術力が高く、世界中で建設が進んでいます。

火力、自然、原子力の発電プラント

発電プラントとは、電気を作る発電所のことです。発電方式の大半は、動力によって**タービン**を回し、タービンが駆動する力を電気に変換するものです。

日本で現在、最も発電量の多い火力発電は、石炭、石油、LNGを**ボイラー**（湯沸かし器）で燃やし、水を水蒸気に変えることでタービンを回します。燃料のほとんどを輸入しているため、発電量やコストは国際情勢に左右されます。

自然エネルギーの一つ、水力発電は、高いところにある水を落下させ重力エネルギーによってタービンを回します。日本は急峻な地形の場所が多いため、水力発電に適する用地はたくさんあります。エネルギーは水のみなので、クリーンな発電様式です。地形を利用して高所から低所に自然に水を落下させる形式と、**夜間**

燃料油
ナフサ、ガソリン、ジェット燃料油、灯油、軽油、重油のようにエンジンを駆動させたり、ボイラーでスチームを発生させるなどエネルギー源として用いられる油の総称。原油はそのままでは燃料として使用できない。

石油化学製品
日本で生産されている石油化学製品のうち、約60％はプラスチックである。その次に、合成ゴム、合成繊維などがある。

タービン
火力、原子力燃料にて水を熱し、水蒸気を発生させ、タービンで駆動させることで発電する施設。水力発電の場合は、水の高低差による力でタービンを回す。

ボイラー
水を熱し温水にする施設。

058

▶ プラント工事の特徴

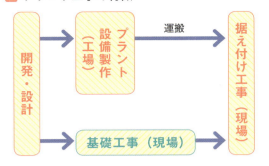

電力を用いて低所の水を高所に揚げ、昼間に水を落下させ発電する揚水式発電があります。

太陽光発電はタービンを回さず、太陽光エネルギーを太陽電池にて直接電気に変換します。出力能力が1,000kW以上の施設はメガソーラーと呼ばれ、電力会社のほか自治体や商社なども参入しています。

風力発電は風の力でタービン（風車）を回し発電します。燃料が不要の自然エネルギーですが、当然ながら無風状態が続くと電気を作れません。

地熱発電は地熱を用いて熱水を作りタービンを回します。日本は火山が多い国なので、地熱エネルギーは潜在的に多く存在しています。

原子力発電はウランが核分裂する際のエネルギーによりタービンを回します。燃料を燃やすわけではないので、CO_2が発生せず地球温暖化への悪影響はありませんが、原子力そのものの危険性を有しています。

化学プラント

化学プラントとは、化学製品を生産する工場施設です。

火災や爆発の危険があり、また人体に有害な化学物質を扱う工場であるために、配管が密閉されていること、異物混入が防止されていることが、工事を行う際に特に留意しなければならないことです。

夜間電力
電気は蓄えることが難しい。そこで、夜に余った電力（余剰電力）を使って水を高所に揚げ、昼はその水を落下させることで電力を発生させる。

ウラン
自然界の中で一番大きくて重い元素。漫画家手塚治虫の名作「鉄腕アトム」主人公アトムの妹の名はウランである。アトムとは原子の意味。

Chapter3
03

土木業界の概要③

暮らしを支える公共土木工事

国民生活に役立つよう、政府・地方自治体などが行う事業のことを公共事業といい、不況のときに需要を創出し、景気を押し上げるという経済政策の一つでもあります。建設国債を利用して行われる事業もあります。

公共土木工事の流れ

公共工事は、計画→用地取得→基本設計→詳細設計→施工→維持管理の順に行われます。大規模な公共工事では、計画から施工まで20〜30年経過することもあります。

例えば、大規模洪水があり河川計画の見直しをする場合、計画から用地取得、設計を行い、施工するまでに長年かかることが多くあります。時間がかかっているうちに、新たな災害が発生することもあるため、迅速な計画の進行が必要です。

公共土木工事の内容

公共土木工事には次のような種類があります。治山、治水、海岸、道路、港湾、漁港、空港、生活環境施設（公園・下水道・環境衛生）、その他公共事業（農業基盤・林道など）、災害復旧関係です。

日本の公共工事の内訳としては道路関係の事業が最も多く、公共事業全体の４分の１を占めています。その他、農林水産、下水道、国土保全と続きますが、近年では情報技術のための光ファイバーケーブル網も公共事業として整備されています。

公共工事の予算

公共工事の大半は、税金で賄われます。予算には、本予算、補正予算、暫定予算があります。本予算は通常の予算編成時、補正予算は景気悪化時、災害発生時などに公共事業の追加を行うとき、暫定予算は本予算の成立が遅れたときに編成されます。

また公共事業は建設国債の発行が認められています。公共事業には景気調整機能があり、社会資本が後世の資産になるため、将来の借金を負っても認められるとされています。

建設国債
国が公共事業費などの財源に充てるために発行する国債。ちなみに赤字国債とは財政の赤字を補填するために発行される国債。

景気調整機能
不況時に公共投資をすることで、雇用や、資材購入を増やし、景気回復を招くことをいう。

060

▶ 公共事業の流れ

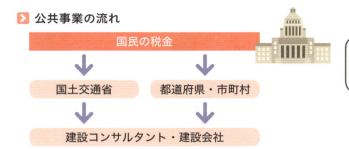

▶ 監査の流れ

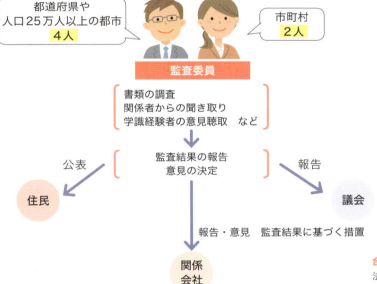

公共工事の監査制度

公共工事は税金を使うため、適切かつ有効に使われているかどうかを「会計検査」においてチェックされます。

会計検査のポイントは、正確性、**合規性**、経済性、効率性、有効性です。

書類の検査のみならず、担当者へのヒアリング、コンクリートの強度チェック、鉄筋の**かぶり**や太さのチェックも行います。不審なことがあれば、**破壊検査**をすることもあります。

合規性
法律や規則などに違反していないことをいう。

かぶり
鉄筋の表面からコンクリート表面までの最短距離。かぶりが小さいとコンクリートひび割れの原因となる。

破壊検査
コンクリートなどの構造物の一部を破壊して欠陥や劣化の状況を調べる検査方法。

061

Chapter3
04

土木業界の概要④

民間土木工事は10種類ある

土木工事はその大半が公共工事ですが、民間会社が発注者となる民間土木工事もあります。その多くは公共性が高い工事ですが、レジャー施設など公共性の低い工事もあります。

エネルギー関連の民間土木工事

国土交通省の「建設投資見通し」によると、土木工事では公共工事が約8割を占めています。残る2割の民間土木工事には以下の10種類があります。

①発電用土木工事は主として電力会社が発注する工事で、水力発電所、火力発電所、原子力発電所、太陽光発電所、風力発電所があります。

②管工事はパイプラインを配管する工事です。内陸にある油田と、石油輸出ターミナルや製油所を結ぶパイプラインも多く設けられています。

③電気・通信などの電線路工事は主として電力会社が設置する電線の工事です。

輸送関連の民間土木工事

④鉄道工事は主としてJR（旅客鉄道株式会社）や民間鉄道会社が発注する軌道工事です。駅舎は建築工事に分類されます。

⑤ふ頭・港湾工事はコンテナふ頭などの特定の用途を持つ港湾施設の建設や管理を、民間事業者に行わせる方式が導入されています。民間会社が特定用途港湾施設を建設・管理し、そのふ頭を船会社などに専用使用させます。一方、港湾管理者は、民間会社の事業計画や業務運営などの基本的事項について監督します。

⑥道路工事は、民間不動産会社による分譲地開発に伴う新設道路や私道建設工事です。

土地造成ほかの民間土木工事

⑦土地造成、埋め立て工事は主として不動産会社が建設する宅

パイプライン
石油やガスなどを送るための大規模な管。世界中の陸上や海中に配置されている。

油田
地下に石油を埋蔵している地域のこと。油田の多い地域を産油国という。

コンテナ
鋼鉄・アルミニウムなどで製造された箱。中に物を積み込み、船舶や航空機・鉄道・トラックなどで輸送する。

▶ 民間土木工事の流れ

民間土木工事の財源は主として施設利用料金だが、公共性の高い施設を建設する場合、一部税金が投入されることもある。

▶ 民間土木工事の内訳

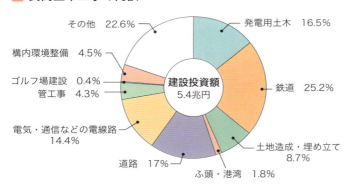

出典：国土交通省「建設総合統計」（2015年）

地や工場用の土地造成です。

⑧**ゴルフ場建設工事**は主としてゴルフ場運営会社が建設するゴルフ場造成工事です。**クラブハウス**の建設は建築工事です。

⑨**構内環境整備工事**には工場や宅地内の道路、門、塀、**植栽工事**があります。

⑩その他の土木工事には公園、広告塔、**石油備蓄施設**などがあります。

クラブハウス
ゴルフコースの中心的な施設。フロント、食堂があり、コースのスタート、エンド地点でもある。

植栽工事
草木を植える工事。緑化工事ともいう。庭園や外溝などとともに、建物の屋上や壁面を緑化することも増えている。

石油備蓄施設
石油価格は、需給状況や産油国の国策で急激に変動することが多い。そのため国内需要に影響がないよう石油を備蓄する必要がある。

第3章 工種と業種でわかる土木業の基本

063

土木業界の概要⑤

Chapter3 05

土木の仕事に必要な資格

土木工事を施工するにあたり、必要な資格の解説をします。ここでは第2章で解説したプロジェクトに必要な資格である監理技術者、主任技術者とは異なり、土木工事をするために必要な個人が取得する資格を紹介しましょう。

一級土木施工管理技士、二級土木施工管理技士

土木施工管理技士は、施工管理をするために必要な資格です。

主任技術者や監理技術者（**2-12**、**2-14**参照）になるためには、一級・二級施工管理技士資格が必要であると建設業法で（**6-01**参照）定められています。

一級土木施工管理技士は、土木工事の主任技術者または監理技術者として施工管理を行います。

二級土木施工管理技士は、主任技術者として比較的小規模の施工管理を行いますが、大規模工事を管理する監理技術者になることはできません。

建設コンサルタント会社で勤務する場合、必ずしも必要な資格ではありませんが、建設会社で施工管理業務を行うためには必須の資格です。

技術士

技術士は、技術士法に基づく国家資格です。建設会社で勤務する場合、必ずしも必要な資格ではありませんが、建設コンサルタント会社で設計業務を行うためには必須の資格です。

技術士補は、その名のとおり技術士の指導のもと技術士を補佐して技術業務を行うことができます。

技術士法
技術士、技術士補の資格を定めた法律。業務の適正化を図り、科学技術の向上と国民経済の発展に資することを目的とする。

コンクリート技士、コンクリート主任技士

コンクリート技士は、コンクリートの製造・施工に携わる技術者資格です。そのため、コンクリートプラントでコンクリート製造する技術者や、建設会社でコンクリート施工する技術者に必要な資格です。

コンクリート
セメント、水、砂、砂利を混ぜて作る。特に施工時に外部環境の影響を受けるため、品質管理の手法が重要である。

064

土木業界で取得されている資格の取得人数

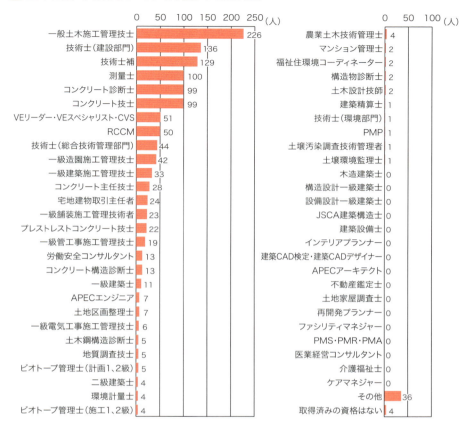

出典：日経クロステック（読者を対象としたアンケート　回答289人）2012年

コンクリート主任技士は、コンクリート技士の上位資格で、研究業務にも携わる者をいいます。

コンクリート診断士

コンクリート診断士とは、既設コンクリートの劣化診断をする技術者に与えられる資格です。

コンクリート診断士には、コンクリートの劣化診断技術、診断の計画、調査・測定、評価、判定に関する知識、維持管理の提案、劣化の進行予測と各種対策の効果の予測などの知識が必要です。

Chapter3 06

主な建造物の造り方①

ダムはこうして造る

代表的な土木構造物の一つにダムがあります。ダムはとても大きな規模のため、どのように造るのか不思議に思う人もいることでしょう。ここでは、ダムをどのようにして造るのかについて解説します。

ダムの目的

ダムは、治水、利水、発電の3つの目的のために造ります。

治水とは、大雨時に下流域が洪水にならないようにすること、利水とは、降水を生活用水や農業用水に利用すること、発電とは、水力発電として利用することです。

ダムの種類

ダムの種類には大きく3種類あります。①重力式コンクリートダム、②アーチ式コンクリートダム、③ロックフィルダムです。

①重力式コンクリートダムは、ダムそのものの重さによって水をせきとめて貯める形式のものです。

②アーチ式コンクリートダムは、**アーチアクション**を利用してアーチ（曲線）の凸部に水を貯める形式のものです。重力式コンクリートダムと同じようにコンクリートを用いますが、使用するコンクリート量は少なくてすみます。その一方、水圧がすべて岩盤に伝わるため強固な岩盤の地点に造る必要があります。

③ロックフィルダムとは、ダムの材料にコンクリートではなくロック（岩石、砂利、砂）を使用するものです。コンクリートダムよりも体積は大きく広いですが、その分地盤にかかる力が小さくなるため**断層**など地盤が弱い場所であっても建設可能です。

ダム
現在、日本では生活用水と工業用水が年間約300億m³、農業用水が年間約600億m³、使用している。そのうち約半数はダムより供給されている。首都圏では約90％がダムで貯水された水道水を利用している。

アーチアクション
下敷きを曲げると平らな状態よりも強くなる。これをアーチアクションという。トンネルが崩れないのも天井が丸くなっているアーチアクションの効果である。日本最大のアーチダムである黒部ダムなどアーチ形状は美しいので、観光地化していることが多い。

断層
地下の地層に地震力が加わってずれ動いて食い違いが生じた状態。

①重力式コンクリートダム

②アーチ式コンクリートダム

③ロックフィルダム

▶ ダムの造り方

 ①予備調査
地質調査、水量調査によりダム予定地点とダム形式を検討する。

↓

 ②現地調査
ダム建設地点が妥当であるかどうかを決めるために、地質・水質・生態系を調査し、さらにダム形式の決定をする。

↓

 ③説明会および土地の買収
ダム建設により影響を受ける住民に対して説明を行い同意を受ける。関係者に同意してもらえればその土地を買収する。

↓

 ④道路整備
古い道路だとダムの底に沈んでしまうことがあるので、ダムよりも上部に道路に付け替える必要がある。

↓

 ⑤本体工事
転流工事、ダム建設用設備工事、基礎工事、堤体工事、放流設備・ゲート設備工事を順次施工する。

↓

⑥試験湛水
水を貯めてダムの形状に変化がないか、周囲の状況に変化がないかを確認する。問題があれば、岩盤をセメントにより固めたり補修工事を行う。

● ダムの本体工事

　事前の調査や関係者への説明、道路の整備を済ませ、ダム本体の工事を始めます。まず、転流工事を行います。川に水が流れているとダムを造ることができないため、水路側の水を別のところに流す工事を行います。次に**生コンクリート**や骨材を作る設備など、ダム建設用のプラントを製造します。基礎工事は、まず土砂を剥がし、岩盤を剥き出しにします。さらに、岩盤の弱い部分にグラウトと称したセメントミルクを注入し、岩盤を固めます。こうして、堤体工事に移ります。重力式コンクリートダム、アーチ式コンクリートダムの場合はコンクリート打設、ロックフィルダムの場合は、砂利、岩塊の盛り立てです。順次、ダムの形状を造っていきます。最後に放流設備やゲートなどの設備を造ります。

試験湛水（図中）
ダムが完成した後に、試験的に貯水してダムに問題がないかをチェック。満水まで貯めてから最低水位にして、ダムの変形がないか、漏水がないかを確認する。

生コンクリート
固まる前のコンクリート。略して生コンという。工場で製造され、施工現場に運搬され現地にて締め固める。

Chapter3
07

主な建造物の造り方②

トンネルはこうして造る

山をくり抜いたトンネルや街中にある地下鉄のトンネルなどを見て、どのようにしてトンネルを掘るんだろうと考える人も多いことでしょう。ここでは、トンネルの造り方について解説しましょう。

トンネルの種類

トンネルの種類には、大きく4種類あります。山岳トンネル、シールドトンネル、開削トンネル、沈埋トンネルです。

山岳トンネルは、主として岩盤を掘るトンネルのことで、**ダイナマイト**を用いて掘削します。その後、**支保工**といわれる鉄の枠やコンクリートを吹き付けることで地山を支えます。そして、コンクリートで固めてトンネルを構築する方法です。

シールドトンネルは、シールドマシンと呼ばれる掘削機械を事前に造り、それを地中に入れて掘り進めていく方法です。掘った部分にはセグメントといわれるパネルをはめ込みながら、トンネルを掘っていきます。

開削トンネルは、上部から土砂を掘削し、その後にトンネル構造物を造り、最後に上から土をかぶせるという方法です。

沈埋トンネルは、事前に工場で鉄やコンクリートでできた筒状の構造物を造ります。そして、それを海や川まで船で運び、沈めてつなぎ合わせることでトンネルを造るという方法です。

以下、山岳トンネルとシールドトンネルについて、詳細に説明します。

硬い山腹を掘り進む山岳トンネル

山岳トンネルとは、岩盤のある山岳部に建設されるトンネルです。山岳トンネルを掘削するためには、まず長さ1m程度、直径5cm程度の穴を多数掘削します。その後、その先端にダイナマイトを装填し、爆破します。それにより、約1mの土砂が崩れます。土砂を搬出した後、その箇所に山が崩れてこないよう、コンクリートを吹き付けます。さらに、ロックボルトをコンクリート

ダイナマイト
ニトログリセリンをもとにして作った爆薬。ノーベル賞で有名なノーベルが発明した。

支保工
物体を支えるものの総称を建設業界では支保工という。

068

▶ トンネルの種類と工法

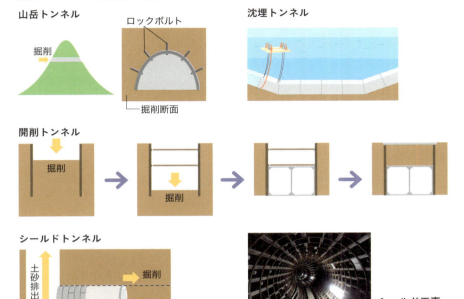

シールド工事
写真提供：熊谷組

から地山に突き刺し、地山の奥のほうまで一体化させます。これを、**NATM（ナトム）工法**といいます。通常、1回のダイナマイトによる発破で1m掘削し、1日に4～5m進みます。1カ月では約100m進みます。これを、月進100mといいます。

📍 軟らかい地盤ではシールドトンネル

シールドトンネルは、シールドマシンを用いてトンネルを掘削します。一般に都市部の軟弱地盤で利用される方法で、地下鉄や下水道のトンネルは、このシールドマシンで造られることが多いです。

シールドマシンでトンネルを造るためには、まず立坑を構築します。その後、立坑の中にシールドマシンを挿入し、発進させます。シールドマシンを掘進させると、土砂は立坑から外部に出されます。そして、掘削した後の山が崩れないように、セグメントといわれる工場で作られたコンクリートや鉄でできたパネルを円形に組み立ててはめ込みます。

NATM（ナトム）工法

新オーストリアトンネル工法（New Austrian Tunneling Method, NATM（ナトム））は、現在主流となった山岳トンネル工法。掘削した箇所にコンクリートを吹き付けたのち、ロックボルトを打ち込むことで、地山を一体化してトンネルを保持する。

シールド

筒の意味。筒状の機械でもぐらのようにトンネルを掘り進む手法をシールド工法という。

Chapter3
08

主な建造物の造り方③

橋はこうして造る

代表的な土木構造物の一つに橋があります。川を渡る橋、海を渡る橋など、長くて大きな橋を見かけます。水の上にどのようにして橋を架けるのか、工法を見ていきましょう。

2種の橋の架け方

橋の架け方は大きく分けて2種類あります。最も一般的なのがベント工法と呼ばれるもので、下部にベント（支え）を設置して、その上にクレーンなどで橋梁を架けていく方法です。その後、ベントは撤去します。

もう一つは張り出し工法と呼ばれるもので、1本の橋脚の左右両側に、やじろべえのようにバランスをとりながら橋桁を架設していく方法です。深い谷、流れが速い川、交通量の多い道路上など、ベントを設置しづらい場合に採用される方法です。

橋の材料・形状による区分

橋の材料による区分を解説しましょう。

木橋は、木で造られた橋です。徳島県祖谷のかずら橋が有名です。鋼橋は鋼材で造られた橋です。日本には鋼橋が多いです。鉄筋コンクリート橋は鉄筋とコンクリートを組み合わせた橋梁です。

PC橋はコンクリートに緊張力を導入して強度を増した構造の橋です。アルミ橋はアルミで造られた橋です。アルミは腐食せず、軽くて、かつ強度が高いことが特徴です。FRP橋はFRP（繊維で強化されたプラスチック）で造られた橋です。

次に形状による区分を解説しましょう。

橋の形状は右図のような種類があります。プレートガーター橋は短い橋に多いです。ラーメン橋は峡谷や高速道路をまたぐ場合に多いです。アーチ橋、トラス橋は変形しにくいので100m程度以上の橋で多く採用されています。吊橋、斜張橋は長い区間に架けられるので、広い川、湾などに多く使われています。

PC
プレストレストコンクリートをPC（ピーシー）と呼ぶ。あらかじめ（プレ）応力（ストレス）を加えて強度を高めたコンクリートをいう。

FRP
FRP（Fiber Reinforced Plastics）とは繊維強化プラスチックをいう。軽くて腐食に強い。

橋の種類

● プレートガーター橋
橋軸方向に桁をかけたもの。

● ラーメン橋
桁と斜材によってラーメン構造にしたもの。

ラーメン（図中）
柱と梁を四角形に組み、接合箇所を剛接合したものをいう。

● トラス橋
桁を三角形状にて組み合わせて造ったもの。

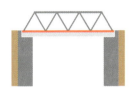

● アーチ橋
桁をアーチ（半円形）形状の骨組みにしたもの。

トラス（図中）
ラーメンが四角形なのに対して、トラスは三角形を基本とした骨組みをいう。

● 斜張橋
鉛直に建設したタワーから斜めのケーブルを張り出して桁を支えるもの。

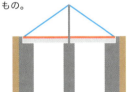

● 吊橋
鉛直に建設したタワーからケーブルを張り出し、桁を吊って支えるもの。

ベント工法による橋梁工事

写真提供：エム・エムブリッジ

第3章　工種と業種でわかる土木業の基本

Chapter3
09

主な建造物の造り方④

道路、堤防はこうして造る

道路や堤防は私たちが生活する上で欠かせない施設です。道路がないと移動できませんし、河川を安全に水が流れなければ、雨が降った際に生活区域内が洪水に見舞われてしまいます。

高速道路

一般に高速道路と呼ばれる道路は、「高速自動車国道」と「自動車専用道路」に分かれる。高速自動車国道は「名神高速道路」「新名神高速道路」「東名高速道路」「新東名高速道路」で、法定最高速度は100km/hである。その他の自動車専用道路の法定最高速度は60km/hである。

保水効果

森林の保水効果とは、森林の土壌に含まれる空気層の中に水を蓄えることができる能力である。木の根でこの土壌が雨や風の影響で流れ落ちないように支えている。一方、間伐を十分にしない森林では木の幹が細くなり、根を十分に張ることができないため土壌が崩れやすくなる。加えて森林の中に日光が届かないようになってしまうため、下草が生えなくなってしまう。

多自然型川づくり

川の流下能力を保ちながら、動植物の生息環境や景観を守るための河川開発の手法。

道路をつくる

道路には一般道路と高速道路の違いがあります。いずれも事故や渋滞を防ぎながら、街と街を短時間で移動できるようつなぐことで多くのメリットがあります。物流が活発になることで経済が振興する、交通事故を防止し人命を守る、地方から都市に短時間で移動できるようになることで過疎化を防止する、災害時の避難や救助を迅速にできるなどです。

一方、新たな道路を造るためには、多くの時間がかかります。ルートを決め、道路建設や道路運用による環境への影響を調査し、用地を買収した後、工事を行います。特に用地の買収に時間がかかり、道路を計画してから完成するまで10年や20年かかるのが通常で、数十年かかることもあります。

河川・堤防

近年、洪水で川の水が氾濫し、堤防を越え街が浸水することが増えてきました。これは、地球温暖化により降水量が増えていること、さらに森林が荒れることで山が持っている保水効果が減り、川を流れる水の流量が増えていることがその原因です。

洪水から街を守るためには、川幅を広げる、堤防を高くする、川筋をまっすぐにするなどするとよいのですが、いずれの手段も多くの土地が必要です。そのため河川改修には数十年の年月がかかることがあります。

川の目的が洪水から街を守るためだけであったらコンクリート張りにするとよいのですが、それでは川辺の自然が守れません。そのため、水を安全に流しながらも自然を育むことができる多自然型川づくりが進められています。

▶ 道路工事の計画

❶道路交通情勢調査
道路や道路交通の現況を調査する。

❷幹線道路網計画調査
道路交通を分析して将来計画を策定するための調査を行う。道路交通の解析、需要予測をして道路網整備計画を行い、どれくらいの交通量を予定するのかを考える。

❸概略設計
ルート平面図、縦横断面図などを作成する。

❹県・市町村との調整
概略設計をもとに作った計画について、事前に県や市町村と調整を行う。

❺環境アセスメント
道路を建設することによる環境悪化を未然に防ぐため、環境影響を調査し、予測評価し、環境保全対策を検討する。

❻都市計画作成
都市計画区域内の計画ルートであれば、都市計画法に基づく都市計画決定を行う。

❼予備設計
計画説明に使用する平面図、縦横断面図、構造物の一般図を作成する。

❽計画説明
測量実施などの了解を得て、道路を造ることを理解してもらうために、地元に対して計画の概要説明を行う。

❾詳細設計
予備設計に基づき、工事に必要な平面図、縦横断面図、構造物の詳細設計を作成する。

❿施工協議・工事説明
工事実施の理解を得るため、詳細設計に基づき施工内容について関係機関と協議を行うとともに、地元に対して工事内容の説明を行う。

⓫施工
詳細設計に基づき道路建設を行う。軟弱地盤の場合、強度を高め、沈下や変形しないよう留意する。

⓬供用開始
道路を一般の交通として用いるために告示を行う。

第3章 工種と業種でわかる土木業の基本

幹線道路（図中）
歩車道の区別があり、車道幅員が片側2車線以上で、車両が高速で走行する通行量の多い道路をいう。

概略設計（図中）
目的物の概略を決め、比較案または最適案を提案するための設計をいう。

環境アセスメント（図中）
環境影響評価のこと。道路建設、大規模開発事業等による環境への影響を事前に調査し、自然環境、周辺環境への影響の大きさを評価する。そのことで、環境影響の予測を行う手続きのことを指す。

軟弱地盤（図中）
軟らかく支持力が低い地盤が構造物の基礎となると、沈下や変形をしてしまう。そのため軟弱地盤を建設用地として用いる場合は地盤改良や杭基礎などとすることが多い。

Chapter3

10

主な建造物の造り方⑤

上下水道はこうして造る

上水道、下水道を造るのも建設業の仕事です。水をきれいにして各住宅に届けたり、日々の生活で排水される汚水を処理する設備がなければ、きれいな水を使えず、使った水や雨水を外に流すこともできません。

上水、中水、下水とは

よく耳にする上水、下水に加えて、中水と呼ばれるものがあります。上水とは水道水などの飲用水のこと。中水とは工業用などに使われる水道で飲用に適さない水のことで、水洗トイレの用水や公園の噴水、工業用水などに使われます。下水とは雨水、汚水（生活排水や産業排水）のことをいいます。

上水道

日本の水はきれいだといわれますが、世界で水道水が飲める国は日本を含めて15カ国しかありません。フィンランド、スウェーデン、アイスランド、アイルランド、ドイツ、オーストリア、スロベニア、クロアチア、アラブ首長国連邦、南アフリカ、オーストラリア、ニュージーランド、モザンビーク、レソト、そして日本です。

浄水場にて河川、湖沼、ダムからの水を飲用に適するよう浄化・消毒します。まず着水井で水を受け入れ、沈殿池で細かい土や石を取り除きます。その後、急速ろ過池で微細な浮遊物を取り除き、消毒設備で水を安心して飲める状態にします。そのきれいな水を配水池に運び、ポンプ場から上水管を通って各家庭に届きます。この浄水場と上水管を造るのが、建設の仕事です。

現在、上水道で課題になっているのは、地震が発生しても断水しないようにすることです。東日本大震災、熊本地震、大阪府北部地震では水道管が被害を受け、多くの家庭や事業所で断水が起こりました。そのため、水道管そのものの強度を高めるとともに、水道管の継手が地震の揺れに対して十分な強度を持つよう、取り替え工事が進んでいます。

生活排水
炊事、洗濯、排せつなど人の生活に伴って生じ、排出される水。

産業排水
農林水産業や鉱工業など産業活動からの排水のこと。

継手
管同士を接合するもの。

074

▶ 浄水場のしくみ

着水井	水の受け入れ
↓
| 沈殿池 | 細かい土砂の除去 |
↓
| ろ過池 | 微細な浮遊物の除去 |
↓
| 浄水池 | 消毒 |
↓
| 配水池 | 上水道へ |

▶ 下水処理場のしくみ

下水道管	汚水や雨水
↓
| 第一沈殿池 | 大きなごみや砂を沈殿 |
↓
| 第二沈殿池 | 小さなごみや砂を沈殿 |
↓
| 反応タンク | 微生物が汚れを分解 |
↓
| 最終沈殿池 | 微生物を沈殿し消毒 |
↓
| 放流 | 河川や海に放流 |

下水道

　下水道は、家庭や工場などで使用した汚水をきれいにして川や海に流すだけでなく、街中に降った雨水を速やかに川や海に排水して、街の浸水を防ぐ役割も担っています。

　下水道が整備されていないと大雨の際に雨水があふれ、家や田畑が浸水してしまいます。さらに汚水に含まれる病原菌が流れ出し、伝染病がはやるようになってしまいます。よく発展途上国で伝染病大流行のニュースが報道されていますが、その多くが下水道の不備によるものです。

　下水道は雨水や汚水を一緒に流す合流式と、別々に流す分流式とに分かれます。分流式の場合、雨水は雨水ますで集め川や海へ、汚水は下水処理場に運ばれます。合流式は、雨水と汚水を一緒にして、下水処理場に運びます。この下水処理場と下水管を造るのが、建設の仕事です。

　現在、下水道の老朽化が問題となっています。下水管にひび割れが入り地下水が下水道に流入したり、管路そのものの腐食が進んでいます。そのため管路の取り替えを進めていますが、下水道はその多くが道路の下に配置されているため、工事に伴って交通に悪影響を及ぼします。そこでプラスチック材で既存の下水道管の内側を被覆して強度を高める方法で老朽化を防止しています。

Chapter3

11

主な建造物の造り方⑥

港湾・空港の建設と維持

私たちが移動したり、物を運んだりするために欠かせない港や空港も、建設業者が造っています。ここでは、港湾・空港をどのようにして造り維持するのかについて解説しましょう。

港湾の種類と機能

港は、商港、工業港、マリーナ、漁港に分かれます。

商港は、都市部にある東京湾、神戸湾などが代表的で、貨物を積み下ろすための港です。工業港は、工業地帯の近くにある川崎港、四日市港、鹿島港が代表例で、工業製品や原材料を積み出すための港です。マリーナは、ヨットやモーターボートなどの小型船のための港で、神奈川県の湘南港などがあります。漁港は、漁船のための港で、全国には3,000ほどの漁港があります。静岡県の焼津港、鹿児島県の枕崎港などが代表例です。

港の機能は、大きく2つあります。一つは、波や潮の流れから船を守り、安全に停泊できるようにすることです。二つ目は、船をつなぎとめておくための係留施設です。岸壁、さん橋、ブイなどがこれにあたります。

ブイ
水路や障害物を示す航路標識、または、船の係留用に港に設ける浮標をいう。

港湾のメンテナンス

海を渡る船は、港に着く際に航路を通ります。放っておくと、川から土砂が港に流れ込み、航路が浅くなって大きな船が通れなくなります。そのため、常にたまった土砂をすくいとる必要があります。土砂をすくいとることを浚渫といいます。その方法は、ポンプにより土砂を吸い出すポンプ浚渫と、グラブバケットで土砂を掻き出すグラブ浚渫があります。

川から土砂が港に流れ込まないように森林を整備することと同時に、浚渫工事を常時行うことで、安全な船の航行が守られているのです。

076

▶ 空港の地盤改良

地盤が軟らかい空港では、地面に埋め込まれているジャッキで滑走路を押し上げている。

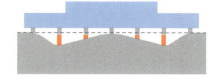

▶ 港湾の浚渫工事

📍 空港建設とメンテナンスでは地盤沈下がキーワード

　日本は島国ですので、港か空港を経由しないと国外に出ることができません。また国内であっても、自然災害で道路や鉄道が分断されてしまうと移動が制限されてしまうため、空港を活用して物資を運搬する必要があります。

　これらの目的を果たすため、日本の空港は、国外に出るための国際空港と、国内の移動のための地方空港に分けて整備しています。

　空港建設上の最も重要な課題が、軟弱地盤対策です。空港は多くの場合、騒音被害を避けるために海の近くや海上に造られます。しかし、海の近くや海上は軟弱地盤であることが多く、そこに土を埋立て、空港を造っても地盤沈下してしまいます。そのため、空港を造る前に、大規模な地盤改良をする必要があります。

　また、空港完成後も継続的な地盤沈下により、空港の表面が不均一に沈下することがあります。そのため、空港の沈下に対するメンテナンスは、大変重要な建設業の役割といえます。

地方空港
日本にある約100の空港のうち、成田国際空港、中部国際空港、関西国際空港の国際線の拠点空港と新千歳空港、羽田空港、大阪空港、福岡空港、那覇空港の国内線の基幹空港以外を指す。

地盤改良
地盤に人工的な改良を加えることで強度を高める工法。置換工法、浅層混合処理工法、深層混合処理工法、載荷工法、脱水工法、締固め工法、杭工法、流動化処理工法などがある。

077

Chapter3

12

日本の技術

世界トップクラスの
日本の土木技術

日本の土木技術は、世界でもトップクラスです。日本国内はもちろん、海外においても多くの工事を行っています。ここでは、海外における日本の土木工事を紹介しましょう。

海外での土木工事

海外において、日本の建設会社が建設をした土木工事について、いくつか紹介します。

トルコのボスポラス海峡トンネルは、沈埋トンネルの工法で造られ、これまで船で移動していた人たちの生活を大変便利にしました。エジプトのスエズ運河改修工事は、中東戦争のさなか苦労しながら日本の技術をもって完成させたものです。また、イギリスとフランスをつなぐドーバー海峡トンネルは、日本のシールドトンネルの技術を用いて造られており、これにより今ではイギリスとフランスの間を、ユーロスターを用いて短時間で移動できるようになっています。

日本の土木技術が海外を驚かせている

日本国内の技術が動画などで海外に配信され、外国の人々が驚きをもって捉えている事例が多数あります。例えば、2016年に博多駅前で道路が陥没する事故が発生しました。その後、復旧工事を行った様子が動画で配信され、あまりの手際よさやスピード感に多くの共感のコメントが寄せられました。

また、東京の渋谷駅〜代官山駅間で行われた「東横線・地下化切替工事」の映像も海外で話題になりました。たった一晩、わずか3時間半で線路切替えが完了するまでを動画で追ったものです。多くの人が行き来する駅内で、地上の駅を地下鉄の駅に替える工事を行う様子に、多くの人が驚きました。

さらに、首都圏中央連絡自動車道（圏央道）において、高尾山インターチェンジの様子が驚きをもって捉えられています。地形的に用地を確保することが困難であったために、狭い谷間に多く

沈埋トンネル
海底や川底を平らにし、そこにあらかじめ工場で製造した筒状の函体を沈めて連結し、トンネルにする工法（**3-07**参照）。

ユーロスター
英仏海峡トンネルを通ってロンドンとパリ、ブリュッセルを結んでいる高速鉄道。その他の高速鉄道は日本の新幹線以外に、フランスのTGV（Train à Grande Vitesse）、ドイツのICE（Inter-city-Express）などがある。

078

ボスポラス海峡（トルコ）横断鉄道トンネルの工事の際の浚渫船

写真提供：大成建設

スエズ運河に回航される浚渫船「日本」「紅昌」　スエズ運河浚渫土砂を圧送する排砂管

写真提供：五洋建設

写真提供：五洋建設

東横線・地下化工事

写真提供：東急建設

の道路が入り組んだ、かなり複雑な構造になっているのです。このような道路を設計し、施工した日本の技術力に海外から多くの驚きの声が寄せられています。

| 業界マップ | 土木 | ※順不同 |

ゼネコン

☆はスーパーゼネコン
同じ色の下線は出資関係

土木一式工事を主体とする総合建設会社。大規模土木工事を施工する。ダム、トンネル、橋梁下部工、大規模造成工事などを得意とする。

大林組☆　　　　　鹿島建設☆

清水建設☆　　　　大成建設☆

前田建設工業　　　西松建設　　　　戸田建設
安藤ハザマ　　　　東鉄工業　　　　大鉄工業
奥村組　　　　　　熊谷組　　　　　フジタ
東急建設　　　　　名工建設　　　　鉄建建設
三井住友建設　　　第一建設工業
オーバーシーズ・ベクテル・インコーポレーテッド
佐藤工業　　　　　鴻池組　　　　　ユニオン建設
広成建設　　　　　ＩＨＩ　　　　　大日本土木
大豊建設　　　　　日鉄エンジニアリング
竹中土木　　　　　ロッテ建設　　　不動テトラ
大本組　　　　　　福田組　　　　　飛島建設

マリコン（海洋土木）

海洋土木工事を主体とする建設会社。埋立て・浚渫、護岸・防波堤、海底工事、橋梁基礎工事、海底トンネル工事などを得意とする。

五洋建設　　　　東亜建設工業　　　東洋建設　　　　若築建設
りんかい日産建設　　　　　　　　　本間組　　　　　みらい建設工業
森長組　　　　　あおみ建設

080

道路工事

道路工事、舗装工事を主体とする建設会社。特に高速道路などの大規模道路工事を得意とする。

NIPPO	前田道路
日本道路	鹿島道路
大林道路	大成ロテック
東亜道路工業	世紀東急工業
ニチレキ	佐藤渡辺
三井住建道路	

鋼橋上部工

鋼製の橋梁上部工建設工事を得意とする建設会社。

JFEエンジニアリング
日立造船
IHIインフラシステム
ショーボンド建設　　駒井ハルテック
住友金属工業　　　　日本車輌製造
横河工事　　エム・エムブリッジ
川田工業　　　　　　横河ブリッジ
高田機工　　　　　　大島造船所
山九

プレストレストコンクリート

プレストレストコンクリート工事を主体とする建設会社。橋梁上部工にプレストレストコンクリートを用いることが多い。

ピーエス三菱	オリエンタル白石
川田建設	日本ピーエス
富士ピー・エス	安部日鋼工業
極東興和	
日本高圧コンクリート	
昭和コンクリート工業	
コーアツ工業	

プラントエンジニアリング会社

石油、ガスなどのエネルギー、医薬、金属、化学製品の生産設備などのプラント建設を主体とする建設会社。

日揮	千代田化工建設
東洋エンジニアリング	
東芝プラントシステム	
栗田工業	タクマ
メタウォーター	レイズネクスト
太平電業	富士古河E&C
オルガノ	神鋼環境ソリューション

建設コンサルタント

建設プロジェクトの設計を主体とする会社。測量、設計、補償分野に分かれる。

日本工営	パシフィックコンサルタンツ		建設技術研究所
オリエンタルコンサルタンツ		八千代エンジニヤリング	
日水コン	エイト日本技術開発	国際航業	長大
パスコ	東電設計	いであ	ニュージェック
大日本コンサルタント		NJS	アジア航測
ドーコン	オオバ	玉野総合コンサルタント	
JR東日本コンサルタンツ		エイト日本技術開発	応用地質

COLUMN 3

沼地の関東平野をよみがえらせた徳川家康

豊臣秀吉は、土木技術にて天下を統一したと言っても過言ではないでしょう。また秀吉の後、天下を統一した徳川家康も同様です。戦国時代において、優れた土木技術で過ごしやすい街をつくることは、人心を集め、農民たちに仕事を与えるという意味で重要なことだったようです。

家康が秀吉から江戸の地を与えられたとき、江戸の町は雑草の生い茂る沼地でした。重要なことは水を制することでした。一つは洪水による氾濫をなくすこと、そしてもう一つは飲み水を確保することです。

当時、利根川は東京湾に流れ込んでおり、大雨のたび、江戸の町で氾濫していました。そこで、家康は利根川を東に曲げることを考えたのです。

利根川東遷事業を命じられたのは、伊奈忠次でした。無理に川を曲げても、水の勢いは強く、また元の川筋に戻ってしまいます。そこで、忠次は、一気に行うのではなく、少しずつ流れを変えることにしました。

工事は忠次の死後も続き、1654年に利根川は今の流路となり鹿島灘に流れ込むようになりました。1594年に工事に着手してからなんと60年がかりの工事でした。

一方、江戸の地は低地であったため井戸を掘っても海から流入した塩水が多く、飲料水には適さない水しか得られません。そこで、江戸の町に飲料水を確保する工事が必要でした。上水道造りを命じられた大久保藤五郎は、井の頭池から神田までの上水道を造ることにしました。しかしその勾配は延長10mに対して2cmしかなく、優れた測量技術が必要です。現在のような高精度の測量器はなかったため、木製の水準器で測量しながら施工を進めました。

水路は江戸城の外濠を越えなければなりません。そこには上水専用の木造橋を神田川の上に架けることで対応しました。その場所は現在の水道橋です。地名にもその由来が残っているのです。

世界に誇る都市東京を大都市たらしめたのは、洪水をなくし、飲み水を確保し、水を制したからでした。そして水を制したのは土木技術あってのことでした。

第4章

工種と業種でわかる建築業の基本

土木工事と比べて目にすることの多い建築工事について、設計から完成までの仕事の流れを見ていきましょう。工法や必要な資格についても詳しく解説していきます。

Chapter4
01

建築業界の概要①

素材と構造から見る建築工事

建設工事は大きく「土木工事」と「建築工事」に分かれます。ここでは、建築工事とはどのようなものなのかについて解説しましょう。

建築物の素材は4種に大別される

RC
Reinforced Concrete（強化されたコンクリート）の略。鉄筋で補強されたコンクリートである。

SRC
Steel Reinforced Concrete（鉄で強化されたコンクリート）の略。鉄筋コンクリート芯部に鉄骨を内蔵した建築の構造。

S
Steel（鉄）の略。鉄製や鋼製の部材を用いる建築の構造。

　建築物の素材は、「RC造（鉄筋コンクリート造）」「SRC造（鉄骨鉄筋コンクリート造）」「S造（鉄骨造）」「木造」の4種類に大きく分かれます。

　RC造とは、鉄筋の枠型にコンクリートを流し込んで造られるものです。鉄筋とコンクリートを組み合わせることで、お互いの弱点を補い合う構造です。SRC造とは、骨格となる柱の部分に「H形鋼」などの鉄骨を使用し、周りを鉄筋コンクリートで固める構造です。RC造とS造を合わせた工法となります。

　S造は柱や梁の部分が鉄骨でできている建物で、鉄筋は使いません。工期が短く、体育館や工場など広い空間を持つ建築に用いられます。木造は一軒家や低層のアパートなど、日本の建物構造のスタンダードです。

　それぞれの構造には、メリットとデメリットがあります。

　RC造のメリットは防音性がよく、耐火性、耐震性にも優れていることです。SRC造は鉄骨の粘り強さとRC造の耐久性、耐震性を兼ね備えています。耐火性能にも優れていますが、作業工程が多く、複雑になることからコストが最も高くなります。

　S造は、粘り強さがあり、RC造やSRC造よりも軽量でしなやかな構造です。また、S造は柱のみで建物を支える構造のため、間取りを比較的自由に設計できる利点がありますが、防音性はRC造やSRC造に劣ります。

　木造は防音性、耐火性、耐震性には劣りますが、コストが最も安くなるというメリットがあります。

　建築の際は建築物の目的や立地などを考慮し、どの構造で工事を行うべきかを決める必要があります。

構造別の特徴

	防音	耐火	耐震	コスト
RC造（鉄筋コンクリート造）	◎	◎	◎	○
SRC造（鉄骨鉄筋コンクリート造）	○	◎	○	△
S造（鉄骨造）	△	○	○	○
木造	△	△	△	◎

ラーメン構造と壁式構造

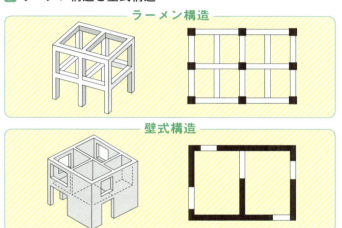

建築物の構造は2種に分類される

　建築物は、先ほど述べた「RC造」「SRC造」「S造」「木造」などの素材による分類のほかに、組み方を基準とした分類があります。一つは「ラーメン構造」、もう一つは「壁式構造」です。
　ラーメン構造とは、柱と梁で強度を出す構造体です。例えば、割り箸を用いて建物を造るようなイメージです。柱と梁を用いるので、間取りの変更が容易です。ラーメン構造は低層から高層まで幅広い建築物に用いられています。
　壁式構造は、壁を組み合わせて建物を造る構造形式です。段ボール箱を組み合わせて、家の模型を作るイメージにあたります。柱がないため、すっきりとしたレイアウトになります。比較的低層の建築物に多く使われています。

ラーメン
ラーメンの言葉は、ドイツ語「Rahmen」（額縁の意味）からきている。建設業では頻繁に用いる用語である。

Chapter4
02

建築業界の概要②

戸建て住宅工事の種類と特徴

街でよく見る戸建ての住宅は、木材を利用して造られています。ここでは、戸建て住宅の造り方や構造について解説しましょう。

木造住宅の種類は3つ

日本は森林の豊かな国です。その森林資源を活用するため、古くから木材を用いて住宅が造られてきました。

木造住宅の造り方には、(1)「木造軸組工法」(2)「木造枠組壁工法」(3)「木質パネル工法」の3種類があります。

木造軸組工法は古くから用いられている方法で、「在来工法」とも呼ばれています。柱と梁を用いて組み上げ、斜めの筋交いにて地震の水平力に対抗する構造です（ラーメン構造→**4-01**）。職人の熟達した技が必要となる工法で、施工者により、建築の出来の良し悪しの差が大きくなることがあります。

木造枠組壁工法の一つに「ツーバイフォー工法」があります。戦後に北米から輸入された工法です。2インチ×4インチ（50mm×100mm）の断面の木材を用いることから、2×4（ツーバイフォー）と呼ばれます。この均一サイズの合板に角材を接合して、壁、床、天井、屋根部分を造り、それらを組み合わせて6面体の箱状の空間を作っていきます（壁式構造→**4-01**）。

木造枠組壁工法は、部材の種類が統一されており、また専用の金具で比較的容易に接合できるため、必ずしも熟練工を必要としません。ツーバイフォー工法の着工件数は、新築の住宅着工数が減少していく中で、年々伸びています。

木質パネル工法とは、設計図に基づいてあらかじめ工場で作っておいた壁や天井のパネルを現場で組み立てて造る工法です。あらかじめパネルを作っておくため、約1日ですべて組み上げることができます。ツーバイフォー工法との違いは、組み立てに釘ではなく接着剤を使うことと、パネルに断熱材や電気配線などがセットになっていることです。

木造住宅
構造材に木材を使用した、日本の住宅で古くから使用されている構造。ただし、台風被害の多い沖縄地方では、住宅はRC造で造ることが多い。

木造軸組工法
いわゆる職人技が光る工法である。「行列のできる工務店」はこの大工職人の順番待ちをしている状態だ。それだけに、他の工法に比べ坪単価が高くなることが多い。

木質パネル工法
プレハブ工法ともいう。他の建築工法に比べて工場生産の部材を利用する割合が大きく、比較的坪単価を低く抑えることができる。

086

▶ 木造軸組工法（在来工法）

写真提供：びわこホーム

写真提供：桧家住宅名古屋

▶ 木造枠組壁工法（ツーバイフォー工法）

写真提供：イワクラゴールデンホーム

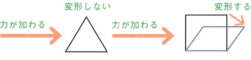

三角形は四角形よりも外からの力に強いことを利用した工法。

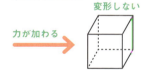

六面体構造にすることで外からの力に抵抗する工法。

📍 木造住宅の特徴と進化

　木造住宅は、コンクリート造に比べ木の暖かさを感じやすいという特徴があります。木造住宅に住んでいる人のほうが、コンクリート住宅に住んでいる人よりも体温が高くなり、**病気になりにくい**という調査結果も出ています。また、従来はコンクリート構造物に比べ気密性や断熱性が低いという課題がありましたが、**近年では技術開発が進み、断熱性能や機密性能の高い木造住宅も多く造られています。**

病気になりにくい
ハツカネズミをヒノキの木箱、コンクリート製箱、亜鉛鉄板製箱の中で飼育した結果、その生存率が木製、金属製、コンクリート製の順に高かったという研究成果がある。

建築業界の概要③

Chapter4
03

建築設備工事とは

建築物の中で快適に過ごすことができるようにするためには、建築設備工事が欠かせません。ここでは、建築物の内部環境を快適に保つための、建築設備工事について解説します。

空気調和設備工事

空気調和設備は、略して空調設備といわれます。温度、湿度、気流、空気清浄の4要素を管理する設備です。

人が居住する空間を快適にすること、さらに工場などにて医療機器などの精密部品や食品を製造する際に特別な環境をつくるために必要な設備です。

衛生設備工事

衛生設備とは、給排水衛生設備のことをいいます。飲む水のことを「給水」、排出する水のことを「排水」といい、これらをスムーズに流すために建物内部に配管する設備です。

建物や敷地内の給水、排水などの設備や、浄化槽、消火設備、ガス設備がこれにあたります。

衛生設備には、消防設備工事が含まれます。これは、火災を防ぐための工事で、消化器、消火栓、スプリンクラー、水噴霧消火設備、泡消火設備、不活性ガス消火設備、ハロゲン化物消火設備、粉末消火設備、屋外消火栓設備、動力消防ポンプ設備などを設置・配管する工事のことをいいます。

電気設備工事

電気設備工事は、大きく「電気工事」と「電気通信工事」に分かれます。

電気工事の内訳は、発電設備、送配電設備、引き込み線、照明、ネオン、避雷針を建設する工事です。

電気通信工事の内訳は、電気通信線路、電気通信機械、テレビ電波障害防除設備、情報制御設備、放送機械、防犯カメラ、火災

浄化槽
下水道が整備されていない地域では個別に浄化槽を設置し、汚水を浄化したのち、放流する。

スプリンクラー
水に高圧をかけ飛沫にしてノズルから散布して消火する装置。建築基準法にて設置が義務化されている建物の種類が定められている。

ハロゲン化物消火設備
ハロゲンとそれより電気陰性度の低い元素との化合物。消火原理は、燃焼の連鎖反応を抑制する負の触媒効果による。

テレビ電波障害
大規模建築物によりテレビ電波が遮蔽され、受信がうまくいかなくなること。

088

> 建築設備工事の役割

衛生設備
- 給水、排水
- 浄化槽
- 消防設備
- ガス設備

空気調和設備
- 温度
- 湿度
- 気流
- 空気清浄

電気設備
- 電気（照明、コンセント）
- 通信（LANケーブル、Wi-Fi）

用途に応じた設備工事が行われるよ。

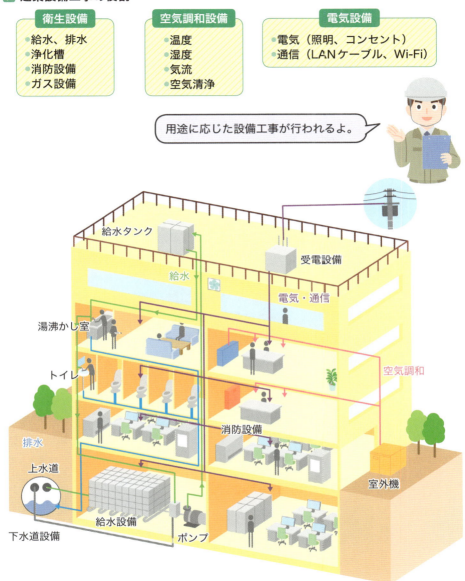

報知器、情報通信設備を建設する工事です。私たちが近年よく使っているインターネットの設備も、この電気通信工事に該当します。

Chapter4
04

建築業界の概要④

建築費の相場とは

建築物は、一度建設すると20年以上、場合によっては50年程度使い続けるため、品質がとても気になります。一方、高い買い物でもあるので適切な価格かどうかも気になります。

建築費は設計費と工事費で決まる

建築物の価格は、次のようにして決まります。

建築物の価格＝設計費＋工事費（材料費＋労務費＋現場経費）

設計費は、その多くが建築物のデザインを考える建築士の人件費です。工事費のうち、材料費とはコンクリート、木材、鋼材、内装材、電気器具、空調器具等などの製造にかかる費用です。労務費とは、その材料を現地で組み立てたり、取り付けたりするのにかかる費用です。現場経費とは、現場監督の人件費、現場事務所の費用、現場の安全を確保するための費用、近隣住民に迷惑をかけないためにかかる費用です。工事費の多くは、材料費と労務費です。そのため、使う材料と建築物の複雑さ、つまりどのような構造で建築するのかによって価格が大きく異なります。

構造別・用途別の建築費の相場

構造別とは、木造、S造（鉄骨造）、RC造（鉄筋コンクリート造）、SRC造（鉄骨鉄筋コンクリート造）のことです（4-01参照）。それぞれの用途と坪単価は右図のとおりです。

住宅用の建物の法定耐用年数は、木造22年、軽量鉄骨造27年、重量鉄骨造34年、RC造とSRC造が47年です。

木造は坪単価が最も安価ですが耐用年数が短く、SRC造は坪単価が最も高価ですが耐用年数が長くなります。そのため、どちらが優位かを総合的に判断する必要があるでしょう。

また、どのような用途で建築物が用いられるかによって、建築費の相場が変わります（右図）。それぞれのメリット、デメリットを考え、用途別に構造を決める必要があるでしょう。

相場
商品が取引される、その時その時の値段。その商品の価値とともに、需要と供給のバランスによっても変化する。

法定耐用年数
財務省が定めた資産ごとの耐用年数。法人税の計算の際、減価償却費を算出するために用いる。

090

構造別の坪単価価格（参考価格）

構造	用途	建築費（坪単価）
SRC造（鉄骨鉄筋コンクリート造）	高層マンション、高層ビル	80～120万円程度
RC造（鉄筋コンクリート造）	マンション、商業ビル、学校、庁舎	60～100万円程度
S造（鉄骨造）	オフィスビル、工場、アパート	50～80万円程度
木造	住宅、アパート	40～80万円程度

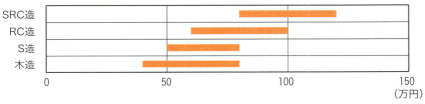

グラフ：ハタコンサルタント作成

構造別の住宅用建物の法定耐用年数

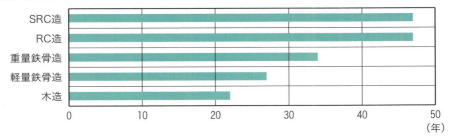

グラフ：ハタコンサルタント作成

用途別、構造別建築費の目安（坪単価）

	木造	S造（鉄骨造）	RC造（鉄筋コンクリート造）	SRC造（鉄骨鉄筋コンクリート造）
工場	45万円程度	65万円程度	100万円程度	
ホテル	60万円程度	100～120万円程度		
分譲マンション		80万円程度		
賃貸マンション		75万円程度		
病院	70万円程度	100～110万円程度		
学校	80万円程度	100～120万円程度		

Chapter4
05

建築業界の概要⑤

建築の仕事に必要な資格

建築の設計や施工をするためには、有資格者でないとできない仕事が数多くあります。ここでは、建築の仕事をするにあたり必要な国家資格について解説しましょう。

建築施工管理技士

建築施工管理技士は、一級と二級に分かれます。

一級建築施工管理技士は、すべての建築工事の施工管理が可能な資格です。また、特定7業種（2-14）の専任技術者や現場の監理技術者は、一級建築施工管理技士などに限られます。

二級建築施工管理技士は、一級に比べて管理が可能な建築工事が少なくなります。二級建築施工管理技士は、「建築」「躯体」「仕上げ」の3種類に分かれており、それぞれ管理可能な工事の種類が異なります。

電気工事施工管理技士

電気工事施工管理技士は、一級と二級に分かれます。

一級電気工事施工管理技士はすべての電気工事の施工管理が可能な資格です。

二級電気工事施工管理技士は、一級に比べて管理が可能な電気工事が少なくなります。

管工事施工管理技士

管工事施工管理技士は、一級と二級に分かれます。

一級管工事施工管理技士はすべての空調、衛生設備工事の施工管理が可能な資格です。

二級管工事施工管理技士は、一級に比べて管理が可能な電気工事が少なくなります。

建築士

建築物の設計に携わる建築士は、3つに分かれます。一級建築

技士
「技士」という言葉と「技師」という言葉がある。「士」は、指導的な立場や職業の者につけ、「師」は、専門の技術を持つ者や教授する者につける。施工管理技士は指導的立場なので「士」を使う。
【士】施工管理技士・士官・武士・代議士
【師】技師・導師・理容師

躯体
建築構造物の構造体のこと。基礎、柱、梁のことをいう。建築工事で多く用いられる言葉。

一級建築士
建設業界で唯一「先生」と呼ばれる資格。建築技術者であれば、目指したい資格である。

092

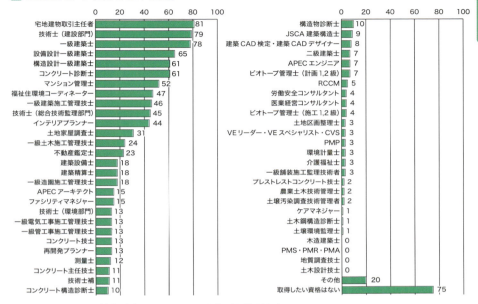

出典：日経クロステック（読者を対象としたアンケート　回答435人）2011年

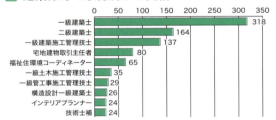

出典：日経クロステック（読者を対象としたアンケート　回答435人）2011年

取りたい資格では技術士とコンクリート診断士が上位に来ている。

士、二級建築士、木造建築士で、それぞれ扱える建物の規模や範囲が異なります。

　一級建築士はすべての建築物の設計に携わることができます。

　二級建築士は、設計ができる建築物の規模に制限があります。

　木造建築士は、木造の建物の設計、工事管理をすることができます。それぞれ資格試験を受けるための受験資格に違いがあります。

Chapter4
06

主な建築物の造り方①

市街地再開発事業、土地区画整理事業の流れ

戸建て住宅や高層建築物の建築工事は建設業界の仕事ですが、市街地などをつくる土地区画整理事業にも大手ゼネコンが大きく関わっています。

市街地再開発事業

市街地再開発事業は、老朽化した木造建築物が密集している地区などで、全地区を再開発し、不燃建築物、公園、道路などを整備して安全で住みやすい地区にすることです。

第一種市街地再開発事業では、土地所有者が権利変換をして、以前と同じ権利を獲得することができます。

第二種市街地再開発事業では、建物、土地を事業者が買収します。元の土地権利者が希望すればその後、一部の権利を取得することができます。

土地区画整理事業

土地区画整理事業は、起伏が大きな土地や、河川で分断された土地などを使いやすく安全な土地に変える事業です。

起伏をなくして平らにし、河川をまたぐ橋梁を設置し、さらに道路や公園を整備して宅地として利用できるようにするのです。

土地所有者は、その一部を道路や公園用地として提供することになりますが、土地の評価が上がり地価が上昇するので、より付加価値の高い宅地を受け取ることができます。十分に活用されていない土地を区画し使いやすくすることで、土地の価値を高め、多くの人が住まう宅地にすることができるのです。

例えば、地権者の土地がいびつで十分に利用することができない形状であったとしましょう。そのため、その土地を長方形にして住みやすい形状にし、はみ出した一部の土地の権利を放棄したとしたら、こうして同様に放棄された土地を集めることで、道路や公園を造ることができます。また、保留地をつくり、その保留地を売却することで事業費の一部にすることもできます。

再開発
一軒一軒が個別に建替えをするより、複数の土地をまとめて一体的に建て替えるほうが、よりよい街づくりが可能となる。これを「都市再開発」と呼ぶ。
「都市再開発」には、「市街地再開発事業」「防災街区整備事業」「優良建築物等整備事業」「マンション建替事業」がある。

権利変換
土地、建物の権利を持っている人に、その権利を、それに見合う価格（等価）で、新しく建設される建造物の権利の一部に置き換えること。

保留地
地権者が少しずつ土地を提供し、道路や公園など地区内に必要な公共用地に充てること。

094

▶ 木造建築密集地がマンションになる

▶ 土地区画整理事業のイメージ

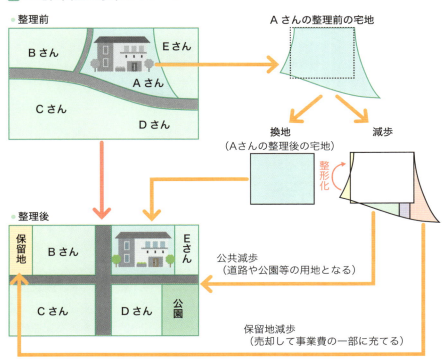

出典：国土交通省都市局市街地整備課ホームページをもとに作成

Chapter4

07

主な建築物の造り方②

建築工事の設計から完成までの流れ

建築工事は、計画、設計、工事、施工の順に行っていきます。ここでは、計画から設計、工事、そして完成までの流れについて解説しましょう。

依頼から設計まで

①建築主が建築物を建てることを思い立ったとき、さまざまな<mark>関係者に依頼</mark>をします。これが建築工事の第一ステップです。例えば、分譲住宅やマンションを建設しようなどと思い立つことです。

②次のステップは、<mark>調査研究・企画</mark>です。どれくらいの規模の建築物をどの土地に建てるのか、その場合の販売価格や売れ行きなどを調査します。多くの関係者とともに複雑な問題を解決し、企画し、条件をまとめる作業です。

③つづいて、<mark>基本構想（計画）を作成</mark>します。マンションであれば、規模や建設地を確定する段階です。

④次は、<mark>設計の契約</mark>です。基本構想（計画）に基づき、設計を担う会社を選定します。自分の思った設計をしてくれるような建築士を選定することが重要です。

⑤その後、<mark>基本設計</mark>を行います。発注者と協議をしながら、建築物のデザインや、建築設備のレベルを設定します。その上で概算費用を算出します。

⑥基本設計の次は、<mark>実施設計</mark>です。基本設計によって決定した建築計画に基づき細部の検討を行い、図面や**数量計算書**を作成します。建築物、空調、衛生、電気設備に関する図面と仕様書を作成するステップです。

⑦つづいて、<mark>工事契約・着工</mark>のステップに移ります。施工会社を決めて契約をし、着工する流れです。どの施工会社が最適な工事をしてくれるのかの判定は、多くの場合、建築主と設計者が行います。

数量計算書
工事を進める際、図面を見て数量を算出し、まとめたものをいう。数量計算書が積算の基本であり、材料を発注する際の元となる。

096

▶ 依頼から建築までの流れ

条件をまとめる　構想を確定させる　建築物の確定

内外のデザインを立案する　図面、数量設計書を作成する

フローチャート：ハタコンサルタント作成

建築工事の開始

⑧いよいよ施工のステップです。施工は、基礎工事、基礎杭、地盤改良工事につづき躯体工事を行います。さらには、外壁工事、内装工事を経て、空調工事、衛生設備工事、電気設備工事、建物周辺の外構工事が行われます。設計どおり工事が行われているかどうか、設計者が監理します。

⑨ここまでくると工事は完了となり、その建築物を用いる人の使用が開始します。マンションであれば、そのマンションを購入した人々が住み始めるというステップです。

⑩そして最後は、維持・管理のステップです。建築物は、経年変化や経年劣化があります。コンクリートにひび割れが生じたり、配管が錆びたり、塗装が剥げたりする恐れがあります。これらを定期的に点検して維持・管理をすることが、建築物の維持・管理の流れです。

外構工事
家の外側の工事のこと。塀、フェンス、門扉、門柱、アプローチ、駐車場、カーポート、駐車場、庭、植栽、ウッドデッキなどをいう。エクステリア工事ともいう。

監理
設計どおり施工されているか確認することを「設計監理」、計画どおり施工されているか確認することを「施工管理」という。「監理」を「さらかん」、「管理」を「たけかん」ともいう。

経年劣化
建物は、時間とともに品質が低下していく。そのため、定期的に点検し、劣化を予防することが必要だ。これを予防保全という。

主な建築物の造り方③

戸建て住宅工事の流れ

個人が住宅を購入する場合、建設会社に直接工事を依頼します。ここでは、戸建て住宅工事の流れについて解説します。

購入者の好みを反映する注文住宅

注文住宅の場合、住宅を購入する者が自ら土地を購入するなどして入手し、そこに自分の好きなデザインの住宅を建てます。デザインや間取りを自分で決めることができるため、家族構成や好みや趣味に合わせて設計することができます。しかし、自分で住宅のデザインや間取りを決めるため、ある程度の専門知識を勉強する必要があります。また、土地を確保していない場合は、土地を探す必要もあります。

決まったデザインで造る建売住宅

建売住宅の場合、不動産会社が仕入れた土地に新築住宅を建設し、土地と住宅を合わせて購入します。住宅が完成しているため、住宅そのものを見ることで生活のイメージができ、購入から入居までスピーディーに行うことが可能です。一方で、購入者は自ら設計やデザインの注文ができないため、自分の思い描いていた住宅とのズレが生じる場合があります。

木造住宅工事の流れ（4-02参照）

まず、住宅を建てようとする場所の地盤調査を行います。スウェーデン式サウンディング試験で行われることが大半で、この試験にて住宅地として必要な地盤の固さを調査することができます。

地盤調査の結果が軟弱地盤であれば、地盤改良をするか、杭を打つかを選定します。上部に建てる住宅が構造上安定するように構造計算をした後、地盤を固める方法を決定します。

次に、基礎工事を行います。基礎は、鉄筋コンクリートで造ら

スウェーデン式サウンディング試験

スウェーデン国有鉄道が1917年頃に不良路盤の実態調査として採用した調査手法である。日本ではJISA1221（2002）として戸建て住宅向けの地盤調査のほとんどが本試験によって実施されている。鉄の棒を地面にねじ込むときの抵抗を計測する。機械が不要で人力で実施できるため、狭いところでも実施できる。

▶ 建売住宅と注文住宅の主な特徴

	建売住宅	注文住宅
プランの自由度	小さい	大きい
仕上がりイメージ	購入前に完成イメージをつかむことができる	購入前に完成イメージをつかめない
プロセス	土地と建物を一括で購入できる	土地購入、プラン立案、建設と時間がかかる
契約	完成品を見て契約できる	未完成のうちに契約する必要がある
設計	事前に実施されている	自由に設計できる
施工	完成品のチェックはできるが、見えない部分のチェックはできない	建設中の中間チェック可能
コスト	低コスト	一般には高コストだが、工夫することによりコストを下げることができる

れます。事前に鉄筋を組み立て、型枠を組んだ後、コンクリートを流し込み基礎を造ります。ここでは、コンクリートの強度や精度が重要になってきます。基礎工事の品質は、水平精度とともに鉛直精度も重要です。基礎が傾いたり曲がったりしていると、丈夫で長持ちする住宅を造ることができません。

つづいて、上棟工事が行われます。これは、柱や梁となる木材を基礎の上に立て込む工事です。この工事では、柱や梁の傾きや精度、柱と梁を連結する部分の連結方法や強度が、品質上重要になってきます。

次に、断熱材を施工します。冬の寒さや夏の暑さが室内に影響しないように、断熱材を用いて外部と遮断します。

その後、木工事が行われます。居住部分を木材やベニヤなどで貼り合わせ、基本的な室内構造を建築します。

さらに、空気調和設備工事、衛生設備工事、電気設備工事（4-03参照）を行います。水道から水が出るようにしたり、排水溝から水が流れるようにしたり、また照明設備やコンセントなどの設置も行います。

最後に、内装工事と外壁工事を行い、住宅の周りの外構工事を終了すると、住宅は完成となります。

上棟
建築物を建てる際、柱、梁、屋根の一番上にある梁を取り付けるところまでを指す。「棟上げ」「建前」「建方」とも呼ぶ。

断熱材
断熱とは熱が室内に伝わるのを防ぐことをいう。断熱材の役割は、①外からの暑さや寒さを遮る、②室内を一定温度に保つ、③夏は涼しく、冬は暖かく快適にする。断熱材の種類は次の3つ。「繊維系断熱材」「発泡プラスチック系断熱材」「天然素材系断熱材」。

外壁工事
外壁工事には、土壁、漆喰、サイディングがある。サイディングには窯業系、金属系、樹脂系があるが、窯業系サイディングが使われることが多い。

Chapter4
09

主な建築物の造り方④

超高層ビルはこうして建てる

街で多くの超高層ビルを見かけるようになりました。このような高い建物をどのようにして建てるのか、不思議に感じたことのある人は多いことでしょう。ここでは、超高層ビルをどのようにして建てるかについて解説します。

超高層ビルの建設

日本は地震国であり、ニューヨークに見られるような高層建築群の建設は不可能であると長らく考えられてきました。法的にも高さ31m以上のビルは建てることができませんでした。しかし戦後、地震の揺れを吸収する「柔構造理論」など高層建築を可能とする理論が生み出され、1963年の建築基準法の改正もあり、高さ制限が撤廃されました。

100mを超える日本初の超高層建築である霞が関ビル（地上36階建て、高さは147m）の建設が1965年に開始。プレハブ工法や大型H形鋼などの最新技術が導入されました。この成功により、大都市中心部に次々と超高層ビルが建設されるようになりました。

超高層ビルをどのように建てるのか

超高層ビルを建設するのに不可欠なもの、それはタワークレーンです。

タワークレーンは、柱や梁の鉄骨材や、窓などの外装材などの材料を持ち上げることに使います。中小規模のビルで用いられるのは移動式クレーンで、タイヤやクローラーが付いているため自由に移動することができます。それに対して、タワークレーンはその場所に固定的に設置して利用します。

タワークレーンは、高い建物を造るために自力で昇っていきます。これをクライミングといいます。タワークレーンには、「フロアクライミング」と「マストクライミング」の2種類の方法があります。

「マストクライミング」では、まず最上部にクレーンを据え付

タワークレーン
現場で使用される昇降可能な仮設揚重機。自ら昇る（クライミング）ので、クライミングクレーンともいう。

移動式クレーン
移動して作業できるクレーン。タイヤクレーン（タイヤが付いているので、公道を移動できる）とクローラクレーン（キャタピラ式のため公道を移動できないが、不整地でも作業が可能）とがある。

100

▶ マストクライミング方式　▶ フロアクライミング方式

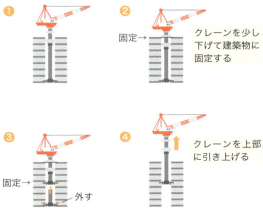

けたマスト（支柱）を設置します。その後、クレーンを用いてマストを継ぎ足しながら、クレーンと一緒に昇っていきます。

「フロアクライミング」も同様に、まずマスト（支柱）を設置します。その後建築物がマストの高さまで構築されると、その高さにクレーンを建築物に固定します。そして最下部のマストベースをクレーンによって引き上げます。これを順次繰り返しながら昇っていきます。

タワークレーンを使用する工事が終了したら解体します。解体されるクレーンよりひと周り小さいクレーンを組み立てて解体を行います。この作業を数回繰り返して、次第に小さいクレーンに置き換えて解体します。

解体
親亀が子亀を組み立て、その後、子亀が親亀を解体する。ついで子亀が孫亀を組み立て、孫亀が子亀を解体する。最後は人力で孫亀を解体する。

👍 ONE POINT

超高層建築トップ10

第1位	あべのハルカス（300m）	第6位	ミッドタウンタワー（248.1m）
第2位	横浜ランドマークタワー（296m）	第7位	ミッドランドスクエア（247m）
第3位	SiSりんくうタワー（256.1m）	第8位	JRセントラルタワーズ・オフィスタワー（245.1m）
第4位	大阪府咲洲庁舎（256m）	第9位	東京都庁第一本庁舎（243.4m）
第5位	虎ノ門ヒルズ森タワー（255.5m）	第10位	NTTドコモ代々木ビル（239.8m）

第4章　工種と業種でわかる建築業の基本

Chapter4

10

主な建築物の造り方⑤

ビルがまっすぐ建って倒れないわけ

建築物はまっすぐ建っています。これが斜めを向いていると不安定ですし、地震などの際に非常に危険です。どのようにしてまっすぐ建てるのでしょうか。ここでは、ビルを建てるときの鉛直方向の確認方法について解説します。

鉛直方向（リード文中）

垂直（perpendicular）は、2つのなす角が直角であること。鉛直（vertical）は、重りを糸で吊り下げたときの糸が示す方向で重力の方向。

重力

地球上の物体を引力により地球に引きつけようとする力。重量とは、重力の加速度により、物体がその場所で受ける力のことで、単位はN（ニュートン）やkN（キロニュートン）で表す。同じような言葉に質量がある。質量とは、物体が地球上や宇宙上のどこであっても変化しない、重力の影響を除いた物体そのものの量のことで、単位はkg（キログラム）やt（トン）で表す。

周期

建物は、1棟ごとに固有の周期を持っている。これを固有周期という。地震波の周期と建物の固有周期が一致すると共振して、建物が大きく揺れる。

下げ振りで鉛直性を確認する

　糸におもりをぶら下げると、糸はまっすぐ下を向きます。正しくは、重力により地球の中心に向かって垂れ下がるわけです。この原理を用いて、ビルをまっすぐに建築します。このとき「下げ振り」を用います。

　下げ振りは、糸の端におもりを吊るした道具です。ビルの上から下げ振りを垂らし、ビルと下げ振りの糸との距離が等間隔になるように、ビルを建てていきます（図A）。非常に単純な方法で驚くかもしれませんが、基本的には高さ300mのビルであっても下げ振りを用いて測量を行います。なお、高いビルになると風によって糸が揺れてしまうため、下げ振りをパイプの中に通し、風の影響をなくすことも行われています。また、レーザーによる測量機器を使って鉛直方向を確認することもあります（図B）。

柔構造と剛構造の違い

　建築の専門用語に、「柔構造」と「剛構造」という言葉があります。柔構造は、建物そのものを柔らかくすることで構造物が振動する周期を長くし、構造物に地震の力がかかった場合でも、作用する力を小さくしようとするものです。一方、剛構造は柔構造とは反対に、外力に対して建物の変形などを防ぐために強固に造った構造をいいます。

　柔構造をたとえていえば、柳に風が当たるときのようなものです。ゆらりゆらりと揺れながら、しかし倒れることはないような構造を指します。鉄骨構造は、柔構造の部類になります。多くの高層ビルは柔構造で造られているので、地震時にはゆらゆらと揺れます。日本で最初の超高層構造物である「霞が関ビル」は、鉄

102

▶ 鉛直性を確認する

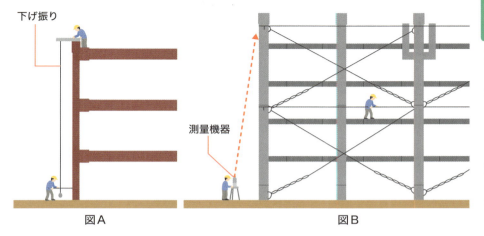

▶ 建物の安定のしくみ

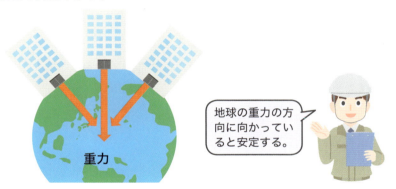

骨構造の柔構造になっています。奈良時代に造られた三重塔・五重塔をはじめとする日本の古い寺社仏閣が今の時代にも倒れず残っているのは、柔構造で造られているからです。

　一方の剛構造は、風が吹いてもびくともしない硬い構造で造ることをいいます。

　鉄筋コンクリート構造、鉄骨鉄筋コンクリート構造のような硬い構造形式は、剛構造です。これは建物全体を一体的にして外部からの力に対して抵抗します。比較的低い建物は剛構造で造られていることが多いです。

五重塔
世界遺産である7世紀築造の奈良・法隆寺の五重塔は、現存する世界最古の木造建築物。現在までに少なくとも40を超える大地震が発生したが、塔は倒れていない。五重塔を守っているのは「心柱」だ。東京スカイツリーが、この技術を応用している。

| 業界マップ | 建築 | ※順不同 |

ゼネコン

☆はスーパーゼネコン

建築一式工事を主体とする総合建設会社。高層ビル、病院、学校、マンションなどを大規模建築工事を得意とする。

鹿島建設☆　　　　　清水建設☆

大成建設☆　　　　　大林組☆　　　　　　竹中工務店☆

長谷工コーポレーション　　　　　　　　戸田建設
安藤ハザマ　　　　前田建設工業　　　西松建設
東急建設　　　　　五洋建設　　　　　フジタ
熊谷組　　　　　　奥村組　　　　　　鴻池組
三井住友建設　　　フルーア・ダニエル・ジャパン
松井建設　　　　　ナカノフドー建設　東亜建設工業
ロッテ建設　　　　佐藤工業　　　　　鉄建建設
大鉄工業　　　　　淺沼組　　　　　　大東建託

設備工事業（空調衛生）

空気調和（空調）、給排水衛生工事を主体とする建設会社。

高砂熱学工業　　協和エクシオ　　東芝プラントシステム
新菱冷熱工業　　三機工業　　　　ミライト　　　　ダイダン
大気社　　　　　新日本空調　　　朝日工業社　　　東洋熱工業
三建設備工業　　日比谷総合設備

電気工事会社

建築電気工事を主体とする建設会社。電気工事、電気通信工事を得意とする。

関電工	きんでん
九電工	日本電設工業
中電工	東光電気工事
住友電設	太平電業
トーエネック	ユアテック
明電舎	協和エクシオ
四電工	日本コムシス
NECネッツエスアイ	
NDS	

ハウスメーカー

全国規模で住宅建設を主体とする建設会社。

大和ハウス工業	積水ハウス
飯田グループHD	
住友林業	旭化成ホームズ
ミサワホーム	一条工務店
パナソニックホームズ	
三井ホーム	トヨタホーム
セキスイハイム	タマホーム

建築設計事務所

建築工事の設計を主体とする設計会社。

日建設計	NTTファシリティーズ		三菱地所設計
日本設計	JR東日本建築設計		梓設計
久米設計	佐藤総合計画	山下設計	大建設計
石本建築事務所	大建設計	安井建築設計事務所	
日企設計	松田平田設計	日立建設設計	類設計室
アール・アイ・エー		東畑建築事務所	
東急設計コンサルタント		あい設計	

COLUMN 4

ボスポラス海峡トンネルが
ヨーロッパとアジアをつないだ

東西文明の十字路であるトルコ、イスタンブール。この街の真ん中に、ヨーロッパ側とアジア側に分断するボスポラス海峡があります。

約160年前の1860年頃より構想されていたのがボスポラス海峡横断鉄道トンネルです。大成建設ほかJVが土木技術を生かして2004年8月に着工し、2013年10月に完成しました。

この工事の特徴は、沈埋トンネル、シールドトンネル、NATM工法、開削トンネルといくつものトンネル工法を組み合わせて行ったことです。

北側の黒海と南側のマルマラ海をつなぐボスポラス海峡は潮流が速く、また黒海は塩分濃度が低く、マルマラ海は高い通常の海水です。そのうえ上層流は黒海から地中海方向へ2m/秒程度、下層流は地中海から黒海方向に1m/秒程度で流れています。このように上層と下層で流れが逆であるため、そこに函体を高い精度で据え付けることは至難の業でした。さらに最深部は水深60mにも達し、これは当時の沈埋トンネルの沈設世界記録（41m）を大幅に上

回っており、ダイバーが長時間海に入って作業することはできません。そこで、当時最新の超音波探査技術を用いて施工しました。

海底に沈設された沈埋トンネルにシールドトンネルを直接ドッキングさせる必要があり、これは世界初のことでした。課題は止水性です。これにはドッキング時に海水がトンネル内に侵入しないようにゴムパッキンと加圧チューブを作動させて止水する工法を用いて対応しました。また到達精度も正確な測量と掘進技術により誤差10cm以下でドッキングできました。日本の土木技術のなせる技です。

親日国として知られるトルコと日本との友好の証として、今日もこの海底トンネルを地下鉄が走っています。

第5章

建設業界の仕事と
プロジェクトに必要な資格

建設の仕事について、公共性の高い仕事を軸に流れに
沿って見ていきましょう。仕事の内容、目的、必要な
資格などについて解説します。

Chapter5
01

プロジェクトの発注者①

公共団体の仕事～発注者の役割～

建設業界の仕事の一つに、工事を計画し発注する発注者側としての働き方があります。ここでは、発注者側である国土交通省や地方公共団体などの仕事内容について解説します。

発注者としての公務員の仕事

建設に関わる公務員の役割は、その担当地域の国土を守ることです。国民、都道府県民、市町村民が安全に安心して暮らせる国土をつくることです。その地域の人たちの生活に直接関わる仕事ができることが、公務員の仕事のやりがいです。

一方、国土保全に何らかの問題があり、自然災害時に被害がでれば、責任を問われる恐れがあります。さらにその経費は、すべて税金にてまかなわれます。税金を使う優先順位や使い方に問題があれば、国民から厳しく糾弾されることもあります。そのことをよく自覚して、公務員としてふさわしい言動を心がける必要があるでしょう。

国土交通省での発注の仕事

建設に関わる国家公務員は、国土交通省にて勤務します。国家公務員とは、公務員の中でも国全体に関わる業務を行う人のことです。日本国土全体の計画をし、日本国土全体を構築する仕事を行うのが国土交通省の仕事です。

国土交通省の仕事は、日本全体の国土を守るための政策や法律を立案したり、それらを実践することです。道路では国道、河川では一級河川がその管轄です。そのため仕事の規模は大きく、日本全体、時には海外への異動もあるため業務の幅が広く、その量も増えがちです。さらに法律や専門知識が必要であり、国際情勢にも通じていなければならないため、勉強し続ける必要があります。

地方公共団体での発注の仕事

建設に関わる地方公務員は、都道府県や市町村の建設関連部署

管轄
国や地方自治体が権限をもって支配すること、その範囲。

異動
公務員の異動の頻度は、2～4年のケースが多い。長い期間、一つの業務に従事していると、特定の企業や地域社会との親密度が高まってしまい、癒着の温床となってしまう恐れがあり、国民や住民の目には職務に不公正があると疑われてしまうからだ。

地方公務員
地方公務員は、事務を行う「行政職」、建設や農業などの専門分野に携わる「専門職」、警察官や消防士などの「公安職」などがある。大学の土木学科を卒業して地方公務員専門職になる人は多い。

108

▶ 道路、河川、港湾、空港はどこが管轄するか

- 県をまたぐ場合は国土交通省の管轄

都道府県をまたぐ場合は国土交通省の管轄。都道府県の中に収まっていれば、都道府県の管轄になる。
道路は国道、都道府県道のように名称が変わる。
国土交通省が管轄する河を「一級河川」と呼ぶ。都道府県が管轄するのは「二級河川」だ。
港湾管理は地方公共団体が主体的に行い、国は技術支援を行う。
空港は、国、地方、民間が管理する空港に分かれる（7-06参照）。

▶ 公共投資の発注機関別内訳

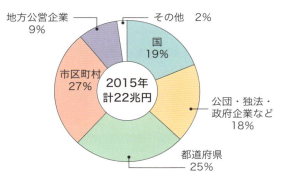

出典：国土交通省「建設業の現状について」

にて勤務します。

　都道府県や市町村の仕事は、その管轄内の国土を守るための政策や法律を立案したり、それらを実践したりすることです。道路では都道府県道、市町村道、河川では二級河川がその管轄です。都道府県民、市町村民の生活に身近な工事に関連する仕事が多くなります。そのため、地域住民との接触が多く、直接話をすることができるため、仕事の充実感を得やすい職場です。また異動は、基本的にはその管轄地域内ですが、災害時や大規模プロジェクトに関して、他地域に異動することもありえます。

Chapter5
02

プロジェクトの発注者②

インフラ関連企業の仕事
～電力・ガス・鉄道・高速道路会社～

建設工事の発注者として公共団体以外に民間企業があります。電力会社、ガス会社、鉄道会社、高速道路会社がそれにあたります。いずれも公共性の強い建設物を造るという共通点があります。

電力会社
2016年4月の電力自由化により、電力会社によって独占されていた電力小売が全面自由化され、企業が電力の販売に参入できるようになった。

ガス会社
2017年4月に都市ガスが自由化された。プロパンガスは以前より自由化されていたが、それまで都市ガスは地域によって契約するガス会社が決まっていた。

鉄道会社
小林一三が創業した阪急電鉄は、鉄道だけでなく、駅近辺での百貨店、沿線の住宅開発、宝塚劇場やホテルなど娯楽産業の開発を行い、輸送客の増加と不動産利益の獲得に成功した。また、東武鉄道もスカイツリー開業により運賃収入が増加している。

電力会社にも建設部門がある

私たちの生活に欠かせない電気を供給する電力会社でも、建設部門に関わる仕事があります。電力会社における建設部門の主たる仕事は、発電所、送電設備、変電設備の①計画、②建設・増設、③維持管理です。

ガス会社ではプラントや配管を建設する

電気と同様に私たちの生活に欠かせないガスを供給するガス会社でも、建設部門に関わる仕事があります。ガス会社は、重要なエネルギーであるガスを製造し、企業や工場、家庭に供給する会社です。

都市ガスは大手4社（東京ガス、大阪ガス、東邦ガス、西部ガス）の他にも全国にガス会社が約200社あり、各地域でガスを独占的に販売しています。

土木・建築技術者は、ガスを製造するプラントの建設や維持管理、またガスを各家庭に届けるための配管の建設や保守業務に携わります。

鉄道会社では駅舎などを建設する

私たちの生活や仕事に欠かせない鉄道を運営する鉄道会社でも、建設部門に関わる仕事があります。鉄道会社には市営、都営地下鉄など公共事業体が運営する場合と、JRや私鉄などのように民間鉄道会社があります。

安全・安心かつ正確に鉄道を運行させることが主な役割ですが、鉄道会社の事業は鉄道事業以外にも幅広く、そこで働く社員の仕事内容はさまざまです。

110

▶ 電気の供給に関する建設

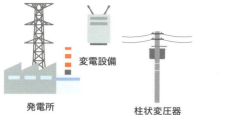

▶ ガスの供給に関する建設

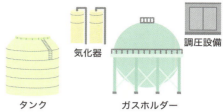

▶ 高速道路の建設

高速道路に少しでも段差があると、車がはじき飛んでしまう。平らな道路になるように、通常の道路より注意する必要がある。

土木・建築技術者は、新線や駅舎の建設・保守が主たる仕事です。さらには、駅周辺の不動産開発やレジャー施設の運営など、駅や軌道周辺の街づくりに関わることもあります。

高速道路会社では道路の建設を行う

　高速道路会社は、高速道路の建設・維持管理を通じて人々が速やかに安全に移動することを支える企業です。そこにも建設部門の大切な役割があります。高速道路は一般の道路に比べて規模が大きく高速で走る車を扱うため、より厳しい品質が求められます。

　東日本高速道路（NEXCO東日本）、中日本高速道路（NEXCO中日本）、西日本高速道路（NEXCO西日本）、本州四国連絡高速道路（JB本四高速）、首都高速道路、阪神高速道路、名古屋高速道路などがあります。

　土木・建築技術者の仕事は、高速道路の計画、設計、施工管理および保守、維持管理となります。

高速道路
日本の高速道路の料金は世界一高いといわれている。その理由は、日本の急峻な地形のため橋やトンネルが多く、高架率が高いこと。さらに、地震が多く耐震化すべきことで、建設・維持管理コストが高くなっているからである。

Chapter5
03

プロジェクトの発注者③

土地開発事業者の仕事
～デベロッパー～

建設業の発注者には、土地開発事業という仕事があります。これは、大規模な建物を企画・開発する仕事です。ここでは、デベロッパー（2-09参照）と呼ばれる土地開発事業者の仕事の内容について解説しましょう。

土地開発事業者が土地を開発する

デベロッパー
不動産業の中でも特に不動産開発を専門に手がける業種をデベロッパーといい、街の開発、リゾート開発などを行う。2016年12月、統合型リゾート（IR）整備推進法案が成立し、今後ますますリゾート開発が進む可能性がある。

　土地開発事業者、**デベロッパー**とは、市街地開発や、不動産開発を行う会社のことをいいます。市街地の古いビルが新たに建て替えられたり、荒野が一気に開発されて都市になったりするのは、デベロッパーが活躍した成果です。

　具体的な仕事は、土地の仕入れ、その地域に合った開発計画の策定、周辺住民への説明と同意取得、設計、施工、販売です。建設部門はこのうち特に、設計、施工に深く関わります。

　建物の設計や建設はデベロッパーだけでは行えないため、実際の工事は設計事務所やゼネコンに発注し、デベロッパーは主としてそのプロジェクト管理を担当します。

主な土地開発事業者、メジャー7

　「メジャー7」と称する住宅分譲を行う大手不動産会社があります。三井不動産レジデンシャル、三菱地所レジデンス、住友不動産、東急不動産、東京建物、野村不動産、大京の7社です。

　その他にも例えば一戸建ての建売業者なども不動産デベロッパーと呼ぶこともあります。

　販売収入などで土地取得、造成・建設費、販売費、一般管理費などの投資額の回収を図るもので、この**投資採算性**に着目して土地価格を求めています。

投資採算性
投資によって見込まれる収入から投下する費用を差し引いて得られる利益を算出し、投資金額と比較したものをいう。人口減により投資採算性が低い地域が増えている。

　デベロッパーの仕事の魅力は、無から有を作り出すことです。何もなかった土地が市街地に生まれ変わる瞬間に立ち会えることには、やりがいを感じるでしょう。

　一方、デベロッパーで働くにあたり留意すべきことは、多くの人がこの事業に関わることです。プロジェクトに反対する人が少

112

▶ デベロッパーの仕事

第5章 建設業界の仕事とプロジェクトに必要な資格

なからずいることがあります。開発事業が全員にとってメリットがあるわけではないからです。工事が始まってからも反対運動にあって、思いどおりに進まないこともあります。粘り強く交渉を進めるためにはコミュニケーション能力、マネジメント能力が欠かせません。

なおデベロッパーは手がける事業規模が大きいため、その多くは大手上場企業です。また、企業によっても商業施設が得意であったり、マンション建設が得意であったり、宅地開発が得意であったりと特色が違います。

宅地開発
主として山野を開発し宅地とし、販売する事業。宅地を造る工事を宅地造成（略して宅造ともいう）という。

113

Chapter5
04

設計会社①

土木設計の仕事
～建設コンサルタント～

土木工事の計画・設計を行う会社を建設コンサルタント（2-03参照）といいます。ここでは、建設コンサルタントの仕事について解説しましょう。

公共工事のサポートをする

建設コンサルタント

建設コンサルタントは、売り上げの80%を公共事業が占める。自然災害への対応、国土強靭化予算の増強が追い風となっている。

建設コンサルタントは、公共工事の計画、測量、設計を行うことが主たる仕事です。これらは、国土交通省や都道府県、市町村の公共事業体が行う仕事ですので、彼らをサポートすることが仕事であるともいえます。

具体的な仕事の内容は、公共事業の計画をし、現地測量を踏まえて、設計計算をし、作図をします。また土地や建物の買収があれば、その価格算出も建設コンサルタントの仕事です。

土木に関する専門知識はもちろん、多くの関係者の立場や考え方を理解することのできる広い視野が必要な難しい仕事です。

活動範囲は特定の地域から海外まで

建設コンサルタントの仕事はパソコンに向かってデータ処理や図化作業をすることが多いです。緻密な業務をコツコツ行うことが好きな人が向いているでしょう。建設コンサルタント会社には、全国を活動範囲とする大手建設コンサルタント会社と、ある地域を活動範囲とする地方建設コンサルタント会社があります。それぞれ、テリトリー内で異動する仕事です。また、海外をフィールドとする建設コンサルタント会社もあり、海外で働くことを考えている人は、このような会社を選定するといいでしょう。

海外で働く

海外設計業務はODA（政府開発援助）の事業予算が増加している。また、アジアなど開発途上国におけるインフラ整備需要も高まっている。

建設コンサルタントのやりがい

建設コンサルタントは、官公庁や地方自治体を依頼主として土木構造物の建設を手がける仕事です。地震や台風などの被害が多い日本にとって、災害から人々の暮らしを守る仕事は非常に重要です。

一方、建設コンサルタントの仕事は、公共事業が主ですので、

▶ 建設コンサルタントの仕事の流れ

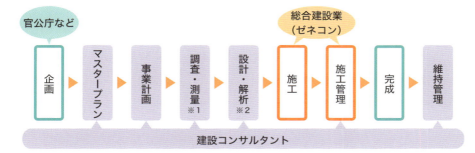

※1 調査・測量

写真提供：飛州コンサルタント

山を切り崩すなどの工事をする場合、事前に現地の調査をするのも建設コンサルタントの仕事。メダカなどの絶滅危惧種の生物や自然林などは、そのまま残すか、別の場所へ移す必要がある。

※2 設計・解析

写真提供：飛州コンサルタント

仕事の納期が厳しいことが一般的です。また自然を相手にする仕事ですので、トラブルや変更が多く、その調整能力が求められます。またひとたび自然災害が起きると、最初に行うのは、現地の測量や設計のため、国民の生命と財産を守るために、緊急に多くの業務を実施する必要があります。このように、建設コンサルタントの仕事は社会的貢献度が高く、やりがいを持って仕事に取り組むことができるでしょう。

設計会社②

建築設計の仕事〜建築士〜

建築物の設計を行う人を建築士と呼びます。ここでは、建築士の仕事の内容や活動範囲、やりがいについて解説しましょう。

仕事の内容は大きく3つに分かれる

建築士は、建築物の設計を行うのが主たる仕事です。その仕事は大きく3つに分かれます（2-07参照）。

一つは「意匠設計」で、建物外観や内装デザインを考えるのが仕事です。もう一つは「構造設計」で、建物の安全性や耐震性を考えます。残る一つは「設備設計」で、建物内部の電気設備や空調設備などを考えます。

設計の前に、施主から要望を聞きます。それを踏まえて意匠設計を行います。施主との間で意匠の同意を得られると、構造設計、そして設備設計へと進みます。

設計が完了すると工事が始まります。建築士は施主の代行として工事が設計どおり進んでいるかをチェックすることも仕事です。

活動範囲は多岐にわたる

建築士の就職先は、建築設計事務所、ゼネコン、ハウスメーカーなどが一般的です。しかしその他にも、インテリアデザイン事務所、家具メーカーなどで活躍することができたり、企業に属するのではなく自分で設計事務所を開き、独立して仕事をしたりする人もいるなど活躍の場は多数あります。

大手ゼネコンや大手建築事務所では活動範囲は全国、会社によっては海外に広がります。一方、地方の建築事務所や個人事務所では活動範囲はその周辺の比較的狭い範囲となります。

建築士のやりがい

デザインを考え、機能を考え、自ら思い描いたものが目の前で形になり、それが世の中に長く残る。これが、建築士にとっての

ハウスメーカー
住宅建設会社、住宅メーカーのことで比較的大規模の会社をいう。小規模住宅建設会社は、ビルダーと呼ぶ。さらに小規模の住宅建設会社は工務店と呼ぶ。

インテリアデザイン事務所
建設物全体の色味、造作、トーン、灯り、音、温度まで、トータルで監修し、室内を演出する。細かくは家具やカーテン、照明、什器などの企画と設計を行う。

設計事務所
独立して業務を行うためには、建築士事務所の登録が必要である。また、事務所に管理建築士（事務所を管理する建築士）を常勤で置く必要がある。全建築士事務所のうち、個人事務所は約20％である。

▶ 建築士の仕事の流れ

① 設計前業務 土地、地質調査

② 基本設計業務 デザイン、間取りの設計

③ 実施設計業務 詳細寸法、構造、設備の設計

④ 工事契約業務 工事会社との契約の支援

⑤ 監理業務 設計どおりに工事が行われているかのチェック

⑥ 工事完成後業務 工事検査、使い勝手の支援

発注者の希望を聞き取り、工事施工者に指示をするのも建築士の仕事

やりがいです。

建物は人の命を預かっているため、設計ミスや施工ミスは安全・安心を脅かす原因となります。つまり、建築士の責任は非常に重いのです。また、建築物によっては数千万円、数億円、数十億円と大規模になるため、うまくいかなかったときのリスクは相当大きなものになります。そのため、やりがいがある仕事ではありますが、同時に大きな重圧のかかる仕事でもあるといえるでしょう。

建築士に必要なのは、技術力とコミュニケーション能力です。設計から着工、竣工にいたるまで多くの人が関わり長い時間を要するため、建設に関わるチーム内のコミュニケーションは欠かせません。また、全体を統率するマネジメント力も必要となるでしょう。

マネジメント
マネジメントとは、Plan（業務・事業計画）Do（実施指導、人材育成）Check（計画の進捗度のチェック）Action（計画の見直し）のサイクルを回すこと。マネジメントをする人のことをマネジャーという。

117

建設会社①
大手ゼネコンの仕事
～施工管理技術者～

実際に建設工事の施工をする会社に大手建設会社があり、そこで働く技術者を施工管理技術者といいます。現場監督とも呼ばれます。ここでは、施工管理技術者の仕事の内容について解説しましょう。

● 発注者の意向を聞き工事会社に発注する

大手ゼネコン（2-11参照）は、大規模土木工事、建築工事を施工する会社のことをいいます。大手ゼネコンの施工管理技術者は、各工種の専門工事会社に対して、仕事を発注し、指示、指導、調整しながら、発注者の意向に沿った建設物を造り上げることが仕事です。

「スーパーゼネコン」と呼ばれる鹿島建設、大成建設、清水建設、大林組、竹中工務店は、年間売上高が1～2兆円以上です。

5社に続く売上高のゼネコン約30社程度を「大手ゼネコン」と呼びます。

● 大規模プロジェクトを扱う

大手建設会社で働く施工管理技術者は、現場において現場監督と呼ばれます。これは、オーケストラにおける指揮者の役割で、現場で働く専門工事会社の職人の仕事を調整し、1つのものを造り上げます（2-12参照）。そのため、施工管理技術者には統率力、マネジメント力が欠かせません。たとえ年齢が若くても多くの人たちに指示して、工事を統率する役割があります。

また、大手建設会社は大規模プロジェクトを行うことが多く、全国各地を異動して仕事をします。そのため、各地での生活を楽しむことができる人ほど、大手建設会社の社員としてふさわしいといえます。

大手建設会社が手がけるものは、ダム、トンネル、ビルなどと大規模であるため、その分やりがいが大きいでしょう。一方、長期間の工事となることが多いため、工事の調整が困難になるという難しい側面もあります。これらを乗り越えてこそ、大きなやり

現場監督
一般の人々からは、監督さんといわれることが多い。総合建設会社に入社すると、入社1年目から「監督さん」になる。

▶ 仕事の流れ

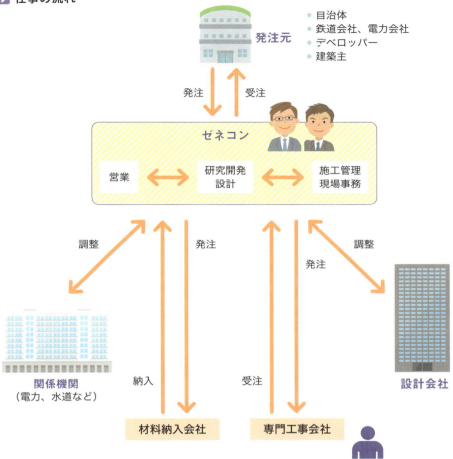

がいがある仕事といえるでしょう。

大手建設会社が取り組むプロジェクトは、規模が大きいだけに課題も多くあります。そのため、未知の分野に挑戦する意欲とチャレンジ精神が欠かせません。さらには、高い技術力や問題解決能力も必要となります。

一方、大手建設会社は他の建設会社に比べ、給与や休日面の待遇がよい傾向にあります。そのため、建設会社の中ではよい環境の職場といえるでしょう。

問題解決能力
問題解決能力とは、問題を見つける力と、その問題を予防する力、その問題が起きてしまったときに解決する力のことをいう。

Chapter5
07

建設会社②
地方ゼネコンの仕事
〜施工管理技術者〜

地域に密着して建設物を造る会社を、地方ゼネコンと呼びます。ここでは、地方ゼネコンで働く施工管理技術者の仕事について解説しましょう。

仕事の規模はさまざま

地方ゼネコンは、その地域において建築・土木工事を行う会社です。施工管理技術者は、各領域の専門工事会社を統括し工事を進行させる役割を担っています。

地方ゼネコンの規模は幅広く、従業員数10人の会社から1,000人の会社まであります。

地方ゼネコンの仕事の範囲は、その地域に限定されます。ある県内で仕事をする会社があれば、ある市内で活動する会社もあるし、ある町内で活動する会社もあります。就職する会社がどの範囲で仕事をする会社であるかは、入社する前によく確認する必要があるでしょう。

地元密着で働く

建設工事の面白さは工事の規模には関係がなく、大規模は大規模の、小規模は小規模のやりがいや楽しさがあります。規模の如何にかかわらず建設物は長く地図に残ります。自ら関与した建設物が地図に残り、グーグルマップに写り続けていることこそが建設工事に携わる人の誇りであり、やりがいです。

地元に密着して仕事をするため、地元の人々から感謝されることが多い仕事です。また、その地元の活動に参加し、親睦を深める機会が多いことも、地方ゼネコンの社員の特徴でしょう。

地元の活動
地元のスポーツ大会、町内会、お祭りなど生活面でも地元ならではの行事に参加することができる。大手ゼネコンではこのような場に参加する機会は少ない。

災害復旧工事に携わる

災害時こそ、地方ゼネコンの出番といえます。地域の道路が通行止めにならないよう法面を押さえたり、河川堤防が切れないように土嚢を積んだり、雪が降ると除雪したりして地域の安全と安

120

▶ 業界の構成

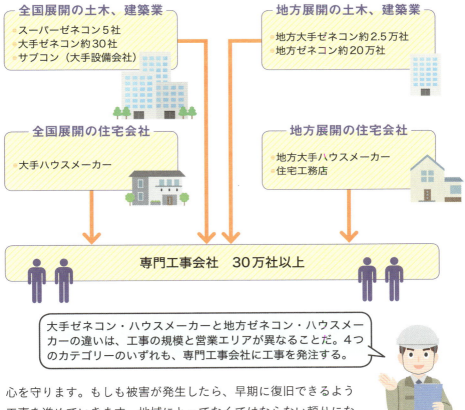

大手ゼネコン・ハウスメーカーと地方ゼネコン・ハウスメーカーの違いは、工事の規模と営業エリアが異なることだ。4つのカテゴリーのいずれも、専門工事会社に工事を発注する。

心を守ります。もしも被害が発生したら、早期に復旧できるよう工事を進めていきます。地域にとってなくてはならない頼りになる存在なのです。さらに、災害が多い日本において、道路や河川の災害復旧工事など大きな役割を果たし、地元の生活を守るという役目もあります。

◉ 工期の中で品質を守る

一方、工事は期限が設定されており、限られた時間の中で十分な品質の仕事を仕上げなければなりません。工事が集中する秋から冬はスケジュールが立て込み、日中は現場の監督、夕方から夜は事務作業を行うというケースもあります。そのため、勤務時間は長くなることがあります。近隣住民とのコミュニケーションがうまく、ある程度体力に自信のある人が、地方ゼネコンで働く人として向いているといえるでしょう。

勤務時間
近年、働き方改革の名のもと、ICTの導入や補助事務員の増員が進み、勤務時間が以前と比べて飛躍的に短くなっている。

専門職

専門工事会社の仕事
～技能者～

Chapter5
08

工事現場で実際に手足を動かし建設物を造る人のことを、技能者と呼びます。
ここでは、専門工事会社（2-11参照）で働く技能者の仕事の内容について解説します。

専門的な仕事を担う

職人
職人とは、熟練した技能によって、手作業で物を作り出す人をいう。日本では歴史的に職人を尊ぶ伝統がある。妥協を許さない仕事の姿勢を職人気質という。

技能者（2-12参照）は、実際に手足を動かし現場でモノを造る仕事を行います。

建設業許可は全部で29業種に区分されていますが、土木一式工事業、建築一式工事業を除く27業種が専門工事業です。その内容は、大工工事業、左官工事業、とび・土工・コンクリート工事業、石工事業、屋根工事業、電気工事業、管工事業、タイル・れんが・ブロック工事業、鋼構造物工事業、鉄筋工事業、舗装工事業、浚渫工事業、板金工事業、ガラス工事業、塗装工事業、防水工事業、内装仕上工事業、機械器具設置工事業、熱絶縁工事業、電気通信工事業、造園工事業、さく井工事業、建具工事業、水道施設工事業、消防施設工事業、清掃施設工事業、そして解体工事業に分かれます（2-10参照）。

それぞれの業種ごとに、「職人」と呼ばれるその分野のスペシャリストがいます。例えば、絵のスペシャリストは画家、彫刻のスペシャリストは彫刻家、小説や文章を書くスペシャリストは作家、曲を作るスペシャリストは作曲家、詞を作るスペシャリストは作詞家と呼ぶように、各業種のスペシャリストを各業種の「職人」と呼びます。

潜函夫
潜函は英語でケーソンという。防波堤、橋梁の基礎など、水中に建設物を構築する際に用いられるコンクリート製または鋼製の大型の箱。なおニューマチックケーソン工法とは、ケーソン下部に高さ2～3m程度の作業室を設け、作業室に地下水圧に相当する圧縮空気を送り込むことにより地下水を排除する。常にドライな環境で掘削・沈下を行って所定の位置に構築物を設置する工法。潜函夫は圧縮空気のもとで作業する作業員のこと。

例えば、トンネル工事を行う職人は「坑夫」と呼び、橋梁を架ける職人は「鳶」、ニューマチックケーソンと呼ばれる圧縮空気の中で作業する職人を「潜函夫」と呼びます。また、職人をまとめ上げる仕事をする人を「職長」や「親方」と呼びます。職長や親方には、各スペシャリストの技能とともに、職人をまとめるリーダーシップが必要です。

技能者にはそれぞれ、一級技能士、二級技能士、登録基幹技能者という資格があります。

122

▶ 専門職としての技能者

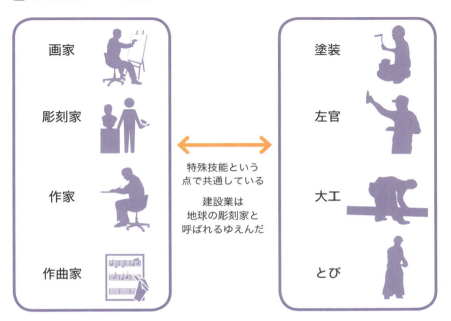

📍 現場でじっくりモノを造る

　技能者の活動範囲は一般に広くはありません。また、現場作業は日が明るいうちに行うことが多いため、<mark>朝8時～夕方5時までの勤務が通常であり、残業はあまりありません。</mark>また、主として体を使う仕事のため、精神的ストレスを感じることもさほど多くなく、健康的な職場であるといえるでしょう。

　自らの手で、自らの目の前でモノが出来上がることに対する大きなやりがいを感じる仕事です。また、細かい手作業が必要な職種や力が必要な職種など幅広くあり、<mark>それぞれの得意な分野で活躍することができる仕事</mark>でもあります。例えば女性であれば力の不要な細かい作業が合っていたり、障がい者もその障がいの程度に合った作業ができます。また<mark>いったん技能を身につけると体がその技能を忘れることはないので、高齢となるまで第一線で働くことができます。</mark>

　今後、それぞれの特殊技能を大いに評価し、**社会的地位**を向上させることが課題です。

社会的地位

日本の技術者、技能者は必ずしも社会的地位は高くない。これは建設業の技術や技能を評価できる人間や機関が社会に存在しないからだ。医師のありがたみは特に病気になったときには感じるものだ。その時には「先生ありがとうございます」と言いたくなる。建設技術や技能も医師の治療技術・技能に優るとも劣らない極めて高いものだが、一般の人々にその実感がなく評価が低いようだ。

COLUMN 5

中東戦争の戦火をくぐりながら
スエズ運河を造った日本の港湾技術

スエズ運河はエジプト・カイロの東にあり、運河を通るとアジアから船で直接地中海に入りヨーロッパに行くことができます。インド・ムンバイ（旧：ボンベイ）からイギリス・ロンドンまでの所要時間は半分も短縮されました。

当初スエズ運河は1869年に建設されました。開通以来、運河は徐々に拡張され幅99m、深さ14.5mになっていましたが、それでも石油タンカーは通ることができません。巨大船が通過するには運河が狭く、また浅いため、掘り拡げることになりました。

この工事を施工したのは広島で原爆被害に遭いながら海洋土木工事で躍進していた五洋建設です。

まずポンプ船スエズ号を用いて運河を2倍の広さに掘る工事を開始しました。しかし最初からつまずきました。川底にカッターの刃が立たない、コンクリートの5倍硬い岩盤地盤「悪魔の岩盤」にぶち当たったのです。いくら硬いカッターを使用しても刃がボロボロになってしまいます。そこでカッターの材質を改良

に改良を重ねながら、掘削に取り組みました。

トラブルはまだありました。1967年、イスラエルとエジプトの間で第三次中東戦争が勃発したのです。やむを得ず工事は中断。1976年に工事を再開しましたが、スエズ運河には、中東戦争時に落とされた3,000発の不発弾が沈んでいました。工事を進めるためには海中に潜って不発弾を確認し、一つひとつ引き上げなければなりません。命がけでこれらを一つひとつ引き上げていきながら掘削を進めたのです。

悪魔の岩盤、中東戦争、そして不発弾に遭遇しながらも決してあきらめずに見事に工事をやり抜きました。

スエズ運河の拡幅は、工事開始から19年後の1980年8月31日見事完成しました。幾多のトラブルを乗り越えられたのは日本人の経験と日本の港湾技術の力でした。

第 **6** 章

建設業に関わる法制度 や政策とその対応策

業界の在り方を定め、働き方や安心・安全を守る法律
があります。仕事内容や職位によって関係する法律も
変わりますが、ここでは全体を通して確認しましょう。

Chapter6 01

全体に関わる法

業界の秩序を守る「建設業法」

建設業法とは建設業の健全な発展を促進し、それにより公共の福祉の増進に寄与することを目的とする法律です。ここでは、建設業法とはどのような法律かについて解説します。

公共福祉のための建設業法

建設業法の目的は、公共の福祉の増進です。この目的達成にあたり、「1.建設工事の適正な施工を確保」「2.発注者の保護」「3.建設業の健全な発展を促進」することが、法に記載されています。

また、そのために建設業に従事するものがとるべき措置として、「1.建設業を営む者の資質の向上」「2.建設工事の請負契約の適正化」が定められています。

許可や配置、契約や記録も法に則る

建設業を営む場合、軽微な建設工事を請け負う場合を除いて「一般建設業」の許可が必要です。さらに、発注者から直接工事を請け負い（いわゆる元請け）、工事の一部を下請け会社に請け負わせる場合は、「特定建設業」許可が必要です。下請け会社は「特定建設業」の許可は必要ありません。

工事現場には、施工管理の業務を遂行するため、必ず主任技術者を置かねばなりません。また、元請け会社は、一定額以上を下請け契約して施工する場合に、主任技術者に代えて監理技術者を配置せねばなりません。

建設工事の一部を下請け会社に請け負わせて進める場合、契約を締結した上で実施する必要があります。

下請負契約のフローは右図のとおりです。

なお、その際「一括下請負」は禁止されています。一括下請負とは、請け負った仕事のすべてをそのまま下請け会社に発注してしまうことです。顧客の信頼を失う原因にもなるため、禁止されています。

また、工事を施工するに際して、施工体制台帳、施工体系図、

許可
建設業許可が必要な理由は二つ。一つ目は、消費者（建設物のユーザー）を守り安心して建設物を使うため。二つ目は、建設工事の発注者が、能力のある建設会社に発注して、建設物の安全を確保する必要があるため。

一括下請負
通称「丸投げ」。「一括下請負」の禁止理由は3つ。①発注者の信頼関係を裏切ることになる。②責任の所在が不明確になる。③実際に工事をしない元請け業者が利益を得る。

126

▶ 下請負契約に至るまでのフロー図

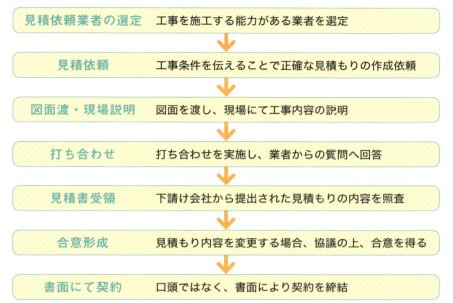

▶ 支払いまでのフローの例

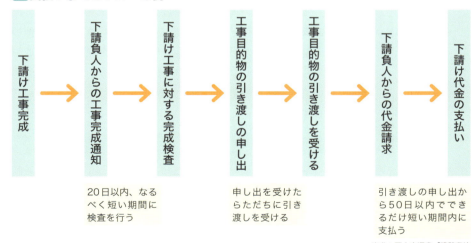

※支払期日を定めていないときは、引き渡し申し出日が支払期日となる。

出典：国土交通省「建設業法に基づく適正な施工の確保に向けて（中部地方整備局）」（2018年版）より作成

再下請負通知書など必要な書類を作成することで、適切に請負関係を構築していることを記録として残す必要があります。

Chapter6
02

建造物に関わる法①

人々が安心して住める建物を造る「建築基準法」

建築基準法は、建築法規の根幹を成す法律です。建築物を建設する際や建築物を安全に維持するための技術的基準などの具体的内容が示されています。ここでは、建築基準法の内容について解説しましょう。

構造や建築設備、環境までを規定

建築物の敷地、構造、設備に関して、建築基準法では次のような内容が定められています。

家などの建築物を建てる場合、敷地は2m以上道路に接してなければならず、これは接道義務と呼ばれています。ただし、周辺に広場、公園があれば、この義務が緩和される場合があります。

構造面では、敷地、用途により、容積率、建蔽率（建ぺい率）、高さ制限の規定が異なります。安全で快適に使用できるための最低限度の構造、外力（地震・雷・台風など）から建築物を守るために必要な構造耐力や仕様、緊急時に安全に避難するための避難経路や避難階段などの構造などが規定されています。

建築設備においては、火災時に煙を排出する排煙設備や、他の区域への延焼を防ぐための防火区画、避難、消防活動に用いる防災救助用設備を設置しなければなりません。また、採光・換気するための窓の大きさや病気を予防するための便所の基準も定められています。

街づくりに貢献する集団規定

建築基準法の集団規定とは、住みやすい都市環境、街並みをつくることを目的としています。例えば、住宅地のど真ん中に工場が建つと住居環境が悪くなります。また店舗は集まって配置されているほうが商売上も、購買上も便利でしょう。

集団規定は都市計画法と関連しています。都市計画法は、都市計画区域を定め、建築基準法はそこに建築された建物の用途を定めています。

その土地区域に沿った建物の用途や敷地、建築物の延床面積の

防火区画
火災時に火炎が急激に燃え広がることを防ぐため、準耐火構造または耐火構造で作られた壁や床によって、建築物を一定の面積ごとに区画すること。一方、防火壁は、耐火構造で火災によって片方の部分が燃え落ちても、壁自体が残って類焼を防ぐためのものである。

都市計画法区域
都市計画区域は、「線引き都市計画区域」と「非線引き都市計画区域」に分けられる。さらに、「線引き都市計画区域」の中には、「市街化区域」と「市街化調整区域」がある。「市街化区域」は、すでに市街地を形成している区域およびおおむね10年以内に優先的かつ計画的に市街化を図るべき区域、「市街化調整区域」は、市街化を抑制すべき区域である。

128

▶ 建築基準法に定められていること

構造

- 安全で快適に使用できるための最低限度の構造
- 外力（地震・雷・台風など）から建築物を守るために必要な構造耐力や仕様
- 緊急時に安全に避難するための避難経路や避難階段などの構造

建築設備

- 火災時に煙を排出する排煙設備
- 火災時に、他の区域への延焼を防ぐための防火区画
- 火災、災害時の避難、消防活動に用いる防災救助用設備
- 採光・換気するための窓の大きさ
- 病気を予防するための便所の基準

▶ 建築確認の項目と内容

① 建築物の敷地、構造、設備

恒久的に安全、快適であるための構造を規定

② 集団規定

建築物が都市環境を守るための用途を規定

③ 建築確認

新たな建築物の審査を規定

▶ 建築基準法に関連する法律

消防法	建築物への火災を防止する法律
都市計画法	住みやすい都市を計画する法律
宅地造成等規制法	土を動かして宅地を造る際に考慮すべき法律
水道法、下水道法、浄化槽法	建築物が使用する水道、下水道、浄化槽に関する法律（6-09参照）
バリアフリー法	障がい者や高齢者が使いやすい建築物を造るための法律
品確法	建築物の品質を守る法律（6-03参照）
耐震改修促進法	地震から建築物を守る法律
建築士法	建築設計を実施する建築士の法律

宅地を造る（表中）

地山の土砂を切り取り掘削することを「切土」、土砂を盛ることを「盛土」という。

障がい者や高齢者（表中）

障がい者、高齢者が、生活をする上で支障となる障害や、精神的な障壁を取り除くための施策を指す。具体的には、段差をなくす、手すりを付ける、通路幅を広げるなどである。

割合（容積率や斜線制限）を定めることで、豊かな都市環境の整備を進めています。

　新たに建物を建築しようとする場合、その建物が建築基準法やその他の法令に適合しているかどうか審査を受けなければなりません。審査の対象となるのは、敷地・構造・設備・用途などで、審査には多岐にわたるルールが定められています。

第6章　建設業に関わる法制度や政策とその対応策

建造物に関わる法②

Chapter6 03

品質を担保する「公共工事品確法」「住宅品確法」

人々が安全に安心して住める建物を造るための法律として、「公共工事の品質確保の促進に関する法律」（以下、公共工事品確法）、そして「住宅の品質確保の促進等に関する法律」（以下、住宅品確法）があります。

公共工事品確法で品質を担保する

公共事業体が公共工事を発注する際、その品質に関わる問題が発生しています。建設会社同士で受注会社や見積もり金額を相談する談合（P.146）や、その工事を受注するためにあえて低価格入札（ダンピング）するなどです。談合で受注する建設会社が決まると、十分な能力のない会社が受注する恐れがあり、ダンピングでは手抜き工事の可能性が高くなり、いずれも公共工事の品質に悪影響を及ぼします。

また、工事は一品生産、現地生産のため、現場条件や施工力によって品質が悪影響を受ける恐れがあります。さらに多発する災害時の緊急対応を強化する必要があります。

さらに、少子高齢化に伴う建設業の担い手不足により、より生産性を向上させなければ、将来の公共工事の品質を確保することができなくなる恐れがあります。

そこで公共工事品確法では以下のとおり義務を定めています。

まず、発注者の義務として、総合評価方式（6-11参照）などで入札参加希望者の技術的能力を審査する必要があります。個別案件ごとに技術提案（P.146）を受注者に求め、技術力を審査します。また、休日、天候に配慮して工期を設定し、施工時期の平準化などにも考慮する必要があります。さらに、緊急時には迅速に工事を発注せねばなりません。

受注者の義務としては、工事の適正な施工はもちろん、技術的能力の向上、生産性向上にも取り組まねばなりません。

住宅品確法で品質を担保する

住宅を建設すると、通常は数十年にわたって使用します。とこ

ダンピング
公正な競争を妨げるような、不当に低い価格で工事を受注すること。

130

▶ 公共工事品確法に定められた義務

発注者の義務
- 入札参加希望者の技術的能力を審査
- 個別案件ごとに技術提案を受注者に求め、技術力を審査
- 緊急時の迅速な工事発注
- 休日、天候を考慮した工期の設定
- 施工時期の平準化

受注者の義務
- 工事の適正な施工
- 技術的能力の向上の取り組み
- 生産性向上の取り組み

▶ 公共工事品確法の骨子

地方公共団体
- 品質確保の促進に関する施策を策定、実施

発注者
- 発注関係事務を適切に実施
- 総合評価方式（6-11）
- 技術提案
- コンストラクション・マネジメント※

受注者
- 工事を適正に実施し、かつ技術的能力の向上

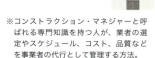

※コンストラクション・マネジャーと呼ばれる専門知識を持つ人が、業者の選定やスケジュール、コスト、品質などを事業者の代行として管理する方法。

ろが民法では、品質上の問題があった場合に建設会社の責任を問えるのが1年となっており、実情に合っていません。そこで、住宅品確法ではその期間を10年に定めています。

　住宅性能保証制度の長期保証は、「構造耐力上主要な部分」、すなわち耐震性や耐久性などにとって重要な部分である基礎、柱など、または、「雨水の侵入を防止する部分」、すなわち雨漏り対策のために措置されている部分の屋根や外壁などに発生した欠陥を対象としています。

　なお、「契約不適合責任」とは、請負者や分譲業者が引き渡した新築住宅に欠陥があった場合、その欠陥を修補したり、賠償金を支払ったりしなければならない責任をいいます。

建設会社の責任
建設物に隠れた瑕疵（＝外部から容易に発見できない欠陥）がある場合、建設会社が発注者に対してその責任を負う。

住宅性能保証制度
新築住宅の購入後、雨漏りや建物の傾きなどの欠陥が見つかった場合に、建設会社が発注者に対して責任を負い、無償での補修や発生した損害に対して賠償などを行うための資金などを保証する制度。

Chapter6 04

労働環境に関わる法

現場で働く人の命を守る「労働安全衛生法」

建設業は他の産業に比べて工事現場における労働災害が多いため、現場で働く人の命を守ることはたいへん重要です（7-10参照）。労働安全衛生法は、そのような現場の人の命や健康を守るために定められた法律です。

労働災害
労働者が勤務中に被った負傷、疾病、死亡などをいう。

安全で衛生的
安全とはけがをしないこと、衛生とは病気にならないこと。

荷役
物流作業のことで、積み下ろし、運搬、積付け、入出庫、ピッキング、仕分け、荷揃えを指す。

粉塵
粉のように細かく気体中に浮遊する粒子。人の健康に被害を生じる恐れのある石綿を「特定粉塵」、その他を「一般粉塵」という。ちなみに似た用語として、物の燃焼などに伴い発生するものは、煤煙（ばいえん）、「すす」のことを煤塵（ばいじん）という。

努力義務
努力義務とは、日本の法制上「～するよう努めなければならない」などと規定されている。違反しても刑事罰や過料などの法的制裁を受けない。

安全で衛生的な職場をつくる

労働安全衛生法は、現場でけが（不安全）をしたり病気（不衛生）になることを防ぎ、安全で衛生的な職場をつくるための法律です。

労働安全衛生法には、けがの原因となる「危険性」、病気の原因となる「有害性」を防ぐために、配慮すべきことが規定されています。

まず、「危険性」の防止策（けがの防止）に取り組まねばなりません。機械や設備の故障や誤作動、爆発物・発火物による爆発や火災、電気・熱・その他エネルギーによる爆発や火災、感電を未然に防がねばなりません。採石や荷役業務に伴う被災、墜落、土砂などの崩落に伴う被災にも注意を向ける必要があります。

次に「有害性」の防止策（病気の防止）です。ガスや粉塵、放射線や振動などによる病気や、精密工作などの作業方法による病気に対する防止策を立てておく必要があります。

その他にも、労働者の不安全行動の防止策、緊急事態の際の退避措置も講ずる必要があります。

危険を避けて災害を防止する

工事開始前に、その作業にどのような危険があるかをあらかじめ評価することをリスクアセスメントといいます。特定された危険性や有害性に対して、それが起きないような設計や作業手順の見直し、さらには防御処置の計画をした上で、実際に施工することで災害を防止できます。なお、法律では、リスクアセスメントの実施は努力義務とされています。

▶ 労働安全衛生法に規定されていること

「危険性」の原因（けがの原因）
- 機械や設備の故障や誤作動
- 爆発物・発火物による爆発、火災
- 電気・熱・その他エネルギーによる爆発、火災、感電
- 採石や荷役業務に伴う被災
- 墜落、土砂などの崩落に伴う被災

「有害性」の原因（病気の原因）
- ガスや粉塵、放射線や振動などによる病気
- 精密工作などの作業方法による病気

その他
- 労働者の不安全行動
- 緊急事態の際の退避措置

▶ 労働災害発生状況の推移

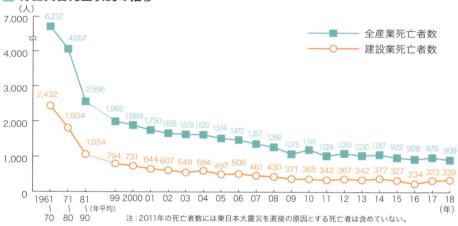

出典：厚生労働省「労働災害発生状況」
注：2011年の死亡者数には東日本大震災を直接の原因とする死亡者は含めていない。

● 元請け会社（特定元方事業者）の責務

　労働安全衛生法は、使用者（社長）が労働者（社員）を守ることを求めています。一方、建設業では元請け会社のことを「特定元方事業者」と呼び、自社の社員だけでなく、他社の社員であっても工事現場で働くすべての人の安全衛生を守る義務を負っています。

● 労働者への安全衛生教育

　工事現場には多くの会社の社員が働き、また、日々現場の様子が変わります。そのため、常時安全衛生に関する教育をする必要があります。法律では、頻繁に詳細な安全衛生教育を実施することを求めています。工事現場で毎日、毎週、毎月のように安全衛生教育が実施される理由は、ここにあります。

Chapter6
05

環境に関わる法①

廃棄物の正しい処理に関する「廃棄物処理法」

建設工事を行うと、多くの廃棄物が発生します。その廃棄物を適正に処理することは、地球環境を守る上で重要です。ここでは、廃棄物を処理するための法律である「廃棄物処理法」について解説します。

廃棄物処理法
正式名称は「廃棄物の処理及び清掃に関する法律」。「廃掃法」ともいう。廃棄物の排出を抑制し、廃棄物の適正な分別、保管、収集、運搬、再生、処分などの処理をし、生活環境を清潔にすることにより、生活環境の保全と公衆衛生の向上を図ることを目的とする。

有価物か廃棄物か

　工事で発生する「物」は、大きく「有価物」と「廃棄物」に分かれます。分別などをせずにそのまま原料として買ってくれる物は有価物、処理料金を払わないと持って行ってくれない物は廃棄物です。工事現場で発生するものの大半は廃棄物となります。

　廃棄物は、一般廃棄物と産業廃棄物に分かれます。一般廃棄物はさらに家庭系と事業系に分かれ、産業廃棄物は汚泥、廃油、廃プラスチックなど20種類に分かれます。

　例えば、事業所から出る紙を処分する場合はどうなるでしょうか。建設業であれば事業系一般廃棄物ですが、製紙工場から出る紙は産業廃棄物になります。製紙業のように事業に伴って発生するゴミのみが産業廃棄物として扱われ、建設業は紙を作る仕事ではないため、事務所から出る紙は産業廃棄物にはあたりません。

廃棄に関する許可は6分野

不法投棄
法令に違反した処分方法で廃棄物を投棄すること。以前は離島などに多くの不法投棄がされたが、近年厳格な廃棄物管理が行われ減少している。

　不法投棄を防ぐために、廃棄物に関連する業態は許可制度がとられています。業許可は以下のとおり6つに分かれます。

（1）一般廃棄物の収集運搬業
（2）一般廃棄物の処分業
（3）産業廃棄物の収集運搬業
（4）産業廃棄物の処分業
（5）特別管理産業廃棄物の収集運搬業
（6）特別管理産業廃棄物の処分業

建設業で扱う代表的な特別管理産業廃棄物は、石綿（アスベスト）です。これらは、人体に大きな影響を与えるため、特別に管理しなければなりません。

134

▶ 廃棄物の区分

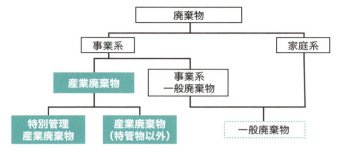

▶ マニフェストは作業が完了するごとに事業者（排出者）に連絡が入るしくみ

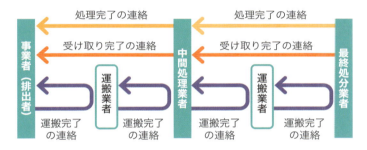

責任のありかと処分場

産業廃棄物を処理する責任は、排出者にあります。建設工事の場合は元請け会社が排出者となり、廃棄物を処理する責任を負っています。廃棄物が適切に処理されるためにマニフェスト（管理票）を発行し、最終処分するまでの間、元請け会社が責任を持って管理する必要があります。

廃棄物の処分場は、大きく「中間処分場」と「最終処分場」に分かれます。

中間処分場とは、工事現場から排出された廃棄物を仕分けし、できるだけリサイクルできるように分別する処分場をいいます。

最終処分場はさらに、遮断型処分場、管理型処分場、安定型処分場の3つに分かれます。

第6章 建設業に関わる法制度や政策とその対応策

石綿（アスベスト）
石綿は、鉱物繊維で「せきめん」とも呼ばれている。極めて細い繊維で、熱、摩擦、酸やアルカリにも強く、丈夫で変化しにくいという特性を持っているため、吹き付け材、保温・断熱材、スレート材などに使用されてきた。一方、石綿は肺がんや中皮腫を発症する発がん性があり、現在製造・使用が禁止されている。

マニフェスト
産業廃棄物の処理を委託する際に委託者が発行するA～Eの連続伝票。委託した内容どおりの処理が適切に行われたかどうかを確認できる。排出事業者はA票を保管しており、運搬終了の報告（B2票）、処分終了の報告（D票）、最終処分終了の報告（E票）が返送されると一連の廃棄物処理が完了したことがわかる。

Chapter6
06

環境に関わる法②

廃棄物を減らす
「建設リサイクル法」

建設工事から発生する廃棄物をリサイクルすることによって、再利用するための法律が「建設リサイクル法」です。ここでは、建設廃棄物をどのようにしてリサイクルしているかについて解説しましょう。

建設廃棄物は減少傾向

建設廃棄物の最終処分量は、再資源化に向けた積極的な取り組みの成果として減少傾向にあります。2008年の再資源化率は94％でしたが、2012年の再資源化率は96％に向上しています。

建設廃棄物の再資源化対象物は、コンクリート塊、アスファルト・コンクリート塊、建設汚泥、建設混合廃棄物、建設発生木材などです。

建設混合廃棄物
生活環境保全上の支障の恐れが少ない安定型産業廃棄物とそれ以外の廃棄物が混在している廃棄物のこと。

建設リサイクル法でリサイクルを促進

建設リサイクル法では、一定の規模以上の解体工事、新築・増築工事、修繕・模様替工事、土木工事などその他の工作物に関する工事を対象としています。

これらに該当すると、建設業者は発注者へコンクリート、木材、アスファルト・コンクリートのリサイクル計画について書面で説明を行います。その後、工事着手する日の7日前までに必要事項を都道府県知事に届け出ます。工事が進行し、建設廃棄物のリサイクルが完了したら、発注者に書面による完了報告を行います。このように、建設廃棄物のリサイクルを促進しているのです。

建設リサイクル法
正式名称「建設工事に係る資材の再資源化等に関する法律」。建設廃棄物のリサイクルを推進するための法律。

不法投棄とは廃棄物処理法に違反して、定められた処分場以外に廃棄物を投棄することです。また、不適正処理とは廃棄物処理法で定められた廃棄物の処理基準（運搬・保管・選別・再生・破砕・焼却・埋立てなど）に適合しない処理をすることをいいます。

資源の有効利用は3種類

建設廃棄物の処理の方法は、大きく3種類に分かれます。①リデュース、②リユース、③リサイクルです。

136

▶ 不法投棄・不適正処理の状況

- 件数・投棄量の推移（新規判明事案）
- 不法投棄量の内訳

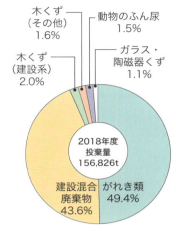

※不法投棄：廃棄物処理法に違反して、同法に定めた処分場以外に廃棄物を投棄すること。
※不適正処理：廃棄物処理法で定められた廃棄物の処理基準（運搬、保管、選別、再生、破砕、焼却、埋立てなど）に適合しない処理をすること。
不法投棄の新規判明件数は、ピーク時の1998年代前半に比べて大幅に減少している。一方で、2017年度でいまだに年間324件もの不法投棄、不適正処理が新規に発覚し、後を絶たない状況にある。

出典：環境省「産業廃棄物の不法投棄等の状況」

　①リデュースとは「減らす」の意味で、製品の長寿命化設計をしたりすることで廃棄物の量を減らし、発生を抑制します。例えば、蛍光灯をLEDランプに替えること、材料ロスを減らすことにより、廃棄量を減らすことが重要です。

　②リユースとは廃棄物を「再使用する」の意味で、エネルギーをかけずそのままの状態で再度使用できるようにすることです。例えば、パソコンであればCPUやメモリーなどを積み替えることによって製品そのものを長く使えるようにすること、型枠を丁寧に使いながら何度も使用することが重要です。

　③リサイクルとは、廃棄物にエネルギーをかけることで、新しい製品の原材料として「再利用する」ことです。例えば、パソコンの中の希少金属を取り出し、次なる製品に替えること、コンクリート解体ガラを再生砕石として再利用することが重要です。

　廃棄物を処理するために最もエネルギーがかからないのが、リデュース、次いでリユース、そしてリサイクルです。建設リサイクル法によりリサイクルの比率が増えていますが、建設工事現場ではさらにリユース、そしてリデュースを進めていきたいものです。

LEDランプ
発光ダイオード（LED）を使用した照明器具のこと。LEDを使用しているため、低消費電力で長寿命。一般に電球の寿命は約3,000時間、蛍光管の寿命は6,000〜12,000時間に対して、LEDの寿命は約40,000時間である。

コンクリート解体ガラ
コンクリートの「がれき」を『コンクリートガラ』と呼ぶ。

Chapter6
07

環境に関わる法③

空気を守るさまざまな法律

地球の周辺に薄膜のように張り付いている空気。これらを守ることは、私たちや生物の命を守ることにもつながります。ここでは、建設工事に伴う大気汚染を防止するための法律を解説します。

大気汚染に関する大気汚染防止法

法律で定められている大気汚染は、大きく3つあります。

まず、ばい煙発生施設です。これは、廃棄物の焼却炉です。これらを設置する場合は、都道府県知事または政令指定都市市長へ届け出が必要です。

次に、一般粉塵発生施設です。これは、設置前に知事への届け出が必要で、土砂の堆積場、ベルトコンベアーおよびバケットコンベアー、破砕機・摩砕機、ふるいをいいます。

次に、解体・改修工事に伴う「特定建築材料（石綿など→P.134）」の除去作業です。これは、作業開始前に発注者が知事へ計画書を提出する必要があります。

窒素酸化物、粒子状物質に対する自動車NOx・PM法

自動車需要を大きく生じさせる劇場・ホテル・店舗・事務所・工場などを新設する際は、都道府県知事への届け出が必要です。また、マイクロバス、貨物車、クレーン車、コンクリートミキサー車などの車両は、窒素酸化物の排出基準に適合している必要があります。

特定特殊自動車排出ガスの規制等に関する法律

ブルドーザ、バックホウ、クローラクレーン、杭打機、トラクターシャベル、ドリルジャンボなどの建設機械に対するPM粒子状物質の排出量が規制されています。オフロード法と呼ばれます。

オゾン層を守るオゾン層保護法

解体工事、改修工事における空調設備、消火設備など、特定物

コンクリートミキサー車
荷台部分にミキシング・ドラムを備えたトラック。走行中も生コンを撹拌しながら輸送することができ、固まらない状態で施工現場に運搬ができる。

ブルドーザ
土砂を押して掘削や運搬をする建設機械。

バックホウ
バケットをオペレータ側向きに取り付けた掘削、積み込み機械。「バックホー」と表記することもある。

クローラクレーン
クローラ付きクレーン。道路面以外も移動できる（P.100）。

ドリルジャンボ
トンネル掘削の際、複数の穿孔（せんこう）を同時に進めることができる建設機械。

138

▶ 典型7公害の種類別公害苦情受付件数の推移

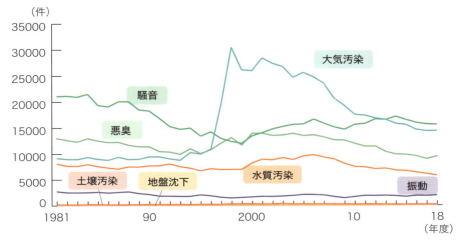

出典：総務省公害等調査委員会「公害苦情調査」（2017年）

質を使用する設備からのオゾン層を破壊するフロンなどの排出が規制されています。

📍 クーラーや冷蔵庫に関係の深いフロン排出抑制法

解体工事や改修工事における冷媒用フロンを回収し、破壊しなければなりません。解体時にこれらの機器がある場合、事前確認書を交付し、さらにフロンを回収し破壊していることを確認しなければなりません。

📍 室内環境に関する建築基準法（6-02参照）

室内環境を悪化させる恐れのある石綿含有建材、クロルピリホス、ホルムアルデヒドが含まれる建材を使用してはいけません。これは、その建物に住む人の健康を守るための法律です。

📍 発がん性物質で知られるダイオキシン類対策特措法

ダイオキシン類の排出および処分を規制する法律です。改修工事や解体工事において、ダイオキシン類の排出基準を遵守しなければなりません。ダイオキシン類には発がん性が認められるため、人の健康を害する恐れがあります。

フロン
クーラーや冷蔵庫の冷媒などに使われる。空気中にフロンが増えるとオゾン層を破壊し、地球上に太陽からの紫外線がふりそそぎ、皮膚がんの原因となる。

ホルムアルデヒド
家具や建築資材、壁紙を貼るための接着剤などに含まれている化学物質の一つ。家具や建築資材などから少しずつ室内に放散される。人に触れると目や気道に刺激を感じることがあり、高い濃度では呼吸困難（シックハウス症候群）などを起こすことがある。

Chapter6

08

環境に関わる法④

騒音・振動・悪臭を減らす
さまざまな法律

建設工事では、騒音・振動・悪臭が多くの場合発生します。その結果、工事現場周辺の住民に迷惑をかけてしまうことになります。そのため、騒音・振動・悪臭は最低限に抑えなければなりません。

届け出義務がある騒音規制法と振動規制法

騒音規制法では特定建設作業が定められており、この作業をする場合、市町村長へ届け出なければなりません。また、作業敷地境界での騒音量が制限されています。

特定建設作業とは、杭打機、杭抜機、びょう打機、さく岩機、空気圧縮機、コンクリートプラント、アスファルトプラント、バックホウ、トラクターショベル、ブルドーザを用いる作業で、一定以上の規模の機械を用いる場合に、特定建設作業と定められます。

振動規制法にも特定建設作業が定められ、市町村長に届け出る必要があります。また、作業敷地境界での振動量が制限されています。

特定建設作業とは、杭打機、杭抜機、鋼球を使用して破壊する作業、舗装版破砕機、ブレーカー（手持式のものを除く）のうち、一定規模以上の機械を用いる作業をいいます。

臭いを規制する悪臭防止法

塗装工事・アスファルト防水工事・汚泥乾燥などの臭いの出る作業は、悪臭防止法が適用されることがあります。

臭いに関する規制基準や、現場で禁止されている作業があります。また、悪臭削減剤の使用、1回の作業量や時間帯の制限がある作業があります。

万が一、悪臭の原因となるものが漏れ出るなどの事故が発生したときは、市町村に報告する必要があります。

苦情の多い騒音・振動の抑制

全騒音苦情件数のうち、建設作業に起因する苦情の割合は

杭打機、杭抜機

鋼管杭、H形鋼、鋼矢板などを、地盤に打ち込む機械。杭抜き機は、そのような杭を必要な現場で地盤中から引き抜く際に用いる機械。

びょう打機

コンクリート、鋼材、レンガ、コンクリートブロック、モルタル塗りブロックへのコンクリートピンなどの打ち込みに使用する機械。ガス式のため所持許可が不要である。

さく岩機

トンネルの掘進、土木工事現場で、発破用ダイナマイトなどを装填するため岩石に穿孔する機械。

空気圧縮機

「コンプレッサー」ともいう。空気を圧縮して圧力気体を送り出す装置のこと。圧縮空気は動力として用いられ、ブレーカー、トルクレンチなどに使われている。

140

▶ 騒音発生源別の苦情件数の推移

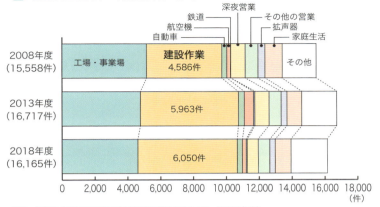

出典：環境省「騒音規制法等施行状況調査の結果について」(2018年度)

▶ 振動に関係する苦情件数の推移

出典：環境省「振動規制法等施行状況調査の結果について」(2018年度)

30％を超えており、振動に起因する苦情件数では建設作業の割合は60％を超えています。

このように、建設工事に関する騒音・振動の苦情の割合は、大変高くなっています。そのため、騒音や振動抑制対策として発生源対策が重要です。発生源対策とは、音が発生しない機械や作業をすることです。例えば、超低騒音型・超低振動型機械を用いたり、騒音や振動の発生する箇所を覆ったり、ゴム板を敷いたりすることで、騒音や振動を発生しないようにします。それでもどうしても発生する場合は、防音壁や防振壁などを用いて、近隣住民に対する直接的な影響が及ばないようにする必要があります。

アスファルト防水工事
アスファルトを加温して、液体化し流しつつ、サンドイッチ状の層を設けることで防水層を作る。多くのビルの屋上にはアスファルト防水が施工されている。

超低騒音型・超低振動型機械
騒音・振動対策として、騒音・振動が軽減された建設機械。

防音壁
騒音を発生する施設から騒音の伝達を防止する壁である。表面で音を跳ね返す遮音効果と、内部で音を吸い込む吸音効果がある。

Chapter6
09

環境に関わる法⑤

環境を守るその他の法律

建設工事に伴い環境へ悪影響を及ぼすことを防ぐため、さまざまな法律が定められています。ここでは、どのような法律に抵触する恐れがあるかについて解説しましょう。

排水を規制する下水道法と河川法

　1日に多くの汚水を公共下水道に排水する場合、下水道法に抵触する恐れがあります。例えば、建設工事に伴い地下を掘ると地下水などが流出します。それらを下水道に排水する場合は、公共下水道管理者にあらかじめ届け出を行うとともに、排水基準を守る必要があります。

　建設工事に伴って出た多くの汚水を河川に排水する場合は、河川法に抵触します。河川管理者にあらかじめ届け出る必要があり、多くの場合、濁水を処理した後、排水しなければなりません。濁水処理によって濁度を低減させたり、コンクリートが混じるとアルカリ分が増えてしまうためpH処理が多く行われています。

水や土壌の汚染を防ぐ浄化槽法と土壌汚染対策法

　大規模現場では現場近くに事務所や宿舎を置き、それに伴い汚水を処理するための浄化槽も設置します。浄化槽を設置する場合、設置の届け出および使用廃止後の届け出が必要です。

　土壌汚染の恐れがある大規模な土地形質の変更をする場合、工事前までに都道府県知事に届け出る必要があります。また、汚染土壌を区域外に搬出する場合は、都道府県知事に届け出る必要があります。

火炎を防ぐ消防法、環境に配慮する2法

　消防法では多くの工事従事者がいる新築建築物を工事する際には、施工前に防火管理者を定め、消防署長に消防計画を届け出なければならないとされています。

　環境影響評価法により、環境アセスメントが適用された工事で

防火管理者
消防法により、多数の者が出入・勤務・居住する防火対象物において、火災予防のための業務を推進する責任者。既設のビルに加えて、建設中のビルにも配置が必要。

142

環境を守るさまざまな法律（6-05～6-09）

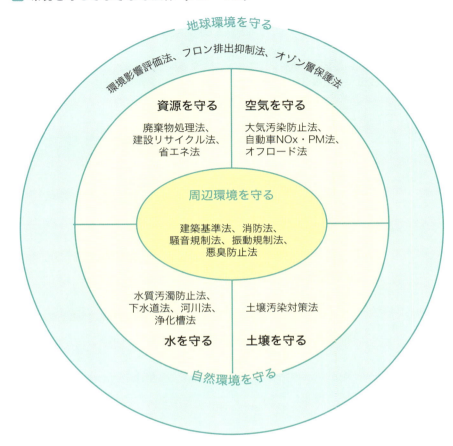

出典：総務省公害等調整委員会「公害苦情調査」（2017年度）

は、環境影響評価に基づく計画書に沿って施工しなければなりません。道路や河川、鉄道、飛行場、発電所、廃棄物最終処分場などを建設する場合がこれにあたります。

省エネ法により、第一種特定建築物、第二種特定建築物にあたる場合、知事に工事予定着手前までに省エネルギー計画などを届け出る必要があります。

第一種特定建築物、第二種特定建築物
特定建築物のうち、延べ面積2,000m²以上の建築物を「第一種特定建築物」、延べ面積300m²以上2,000m²未満の建築物を「第二種特定建築物」と区別する。

143

Chapter6

10

国土を守る法

国土を守る「国土強靭化基本法」

日本は、自然災害が多い国です。これまで、度重なる大災害によりさまざまな被害がもたらされてきました。大規模自然災害から国土を守るための法律として、「国土強靭化基本法」が制定されています。

自然災害と戦う基本理念

「国土強靭化基本法」の正式名称は「強くしなやかな国民生活の実現を図るための防災・減災等に資する国土強靭化基本法」です。

地震、台風、大雨に対してトンネル、橋、堤防などが影響を受けることで、被害が発生しないように既存設備の維持管理、新たな公共設備の建設を進めることが定められています。

国土強靭化は以下の考え方で推進しています。

まず、都市機能の一極集中を防止し、その機能を他地域に分散することが大切です。そのためにも、地域の振興や活性化を促進することで、地域への定住を促進することが必要です。

そして、自然災害が起きても、大規模な災害を予防するための施策を実施します。万が一災害が発生したときには、その被害を緩和し広がらないようにすることが重要です。

また、道路や鉄道などのライフラインや主要建物が被災しても代替手段を整備することで、国民生活への影響を最小限とします。

> **一極集中を防止**
>
> 人口、行政、経済、文化などの機能が特定の地域に集中せず、各地域が連携しながらその地域の特性を生かして発展する国土のことを多極分散型国土という。過度な一極集中が進むと国土を守る人がいなくなり、特に地方が荒廃する恐れがある。

地域振興と災害対策が柱

法律で定められた基本的な施策は大きく2つあります。

一つは、地域振興策です。農村、山村、漁村や農林水産業の振興、さらに離島の保全を推進します。そのために、海岸などの保全、周辺海域の警備強化、住民の生活基盤の整備を行うこととしています。

また地域が共同して防災活動が行えるように、自発的な防災活動を支援することを定めています。

もう一つは大規模災害対策です。大規模災害に対し、建設業の

144

▶ 国土強靭化基本法と建設業界

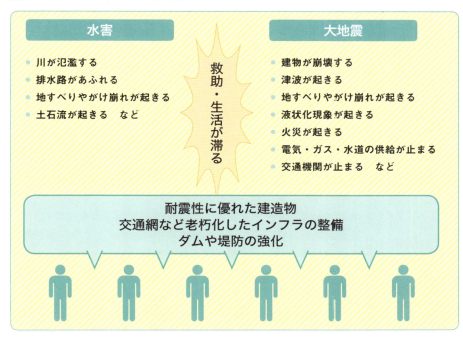

行うべきことは多いです。

　まず被害を予防するために、建築物の耐震化や、市街地が密集していると被害が連鎖するためその対策を実施します。さらに、鉄道、道路、官庁機能などが被害に遭った際の代替施策を推進する必要があります。

　次に災害発生時の被害を緩和するために、円滑で迅速な避難場所の整備が必要です。さらに、避難路、避難施設、緊急輸送道路の建設が欠かせません。近年、水害が多発していることに鑑み、各市町村では**ハザードマップ**の作成や避難訓練などが行われています。ハザードマップで危険とされている場所の工事を推進し、危険地域を減らすのも建設業の役割です。

　また、大規模災害発生時に電力、ガスなどのエネルギーを安定的に供給できるよう、既存エネルギー供給の強化とともに自然エネルギーの利用を促進することを定めています。

ハザードマップ
洪水、地震、津波などの自然災害による被害を予測し、その被害範囲を地図化したもの。予測される災害の発生地点、被害の程度、避難経路、避難場所などの情報が地図上に図示されている。

Chapter6
11

業界をよりよくする法①

公平な競争を図る「総合評価方式」

公共工事における入札で、談合問題などが発生しました。これらを解決するために、総合評価方式による発注が行われています。ここでは、総合評価方式の解説を進めます。

総合評価方式で品質を確保する

総合評価方式とは、談合を防止し、公共工事の品質を確保するために導入された入札方式です。従来、入札金額のみで受注企業が決められていたため、談合がしやすい状況でした。そのため、企業および配置予定技術者の評価、さらに技術提案の評価を含めて総合的に施工する企業を選ぶ方式です。

総合評価方式は、主として工事の規模や難易度に合わせて3つのタイプに分かれています。

「簡易型」と呼ばれるものは、小規模工事での評価方式です。企業評価、配置予定技術者の評価をもとに、施工企業を選定します。

「標準型」は中規模工事での評価方式です。発注者が示すテーマ（品質、工期、安全、環境）に対して、技術提案を提出し、その内容の良し悪しで、施工企業を選定します。

「高度技術提案型」は大規模工事や難易度の高い工事での評価方式です。建設会社の固有技術を生かして、より高い品質の建設物の施工を求める場合に、採用されます。新国立競技場新築工事では、品質とともに特に「工期短縮」に対する技術提案が求められ、その評価結果で施工企業が決まりました。

総合評価方式採用のメリット

より品質を向上させるための技術提案を考えるため、公共工事の品質がアップするというメリットがあります。さらに技術提案を考案し書類にまとめることで、企業および担当する技術者の技術力が向上するというメリットもあります。技術提案のテーマとして、労働者の安全、周辺環境や自然環境に配慮する内容が含まれるため、労働災害防止、環境保全のメリットもあります。

談合
企業同士が相談し、工事を受注する会社を決めること。大手ゼネコンは2016年談合決別宣言を出した。

配置予定技術者
建設業者は、工事現場に技術者を配置しなければならない（建設業法第26条）。その技術者を受注前には「配置予定技術者」、受注後は「配置技術者」と呼ぶ。

技術提案
技術提案とは、その工事を施工する際、品質、安全、環境などに配慮するための技術的な工夫を考慮した提案を書面にすること。

146

総合評価方式の3タイプ

	簡易型	標準型	高度技術提案型
技術的工夫の余地	小	中	大
技術提案のテーマ	施工計画	品質、工期、安全、環境に対する提案	特に品質に関する高度な技術力

総合評価方式のしくみ

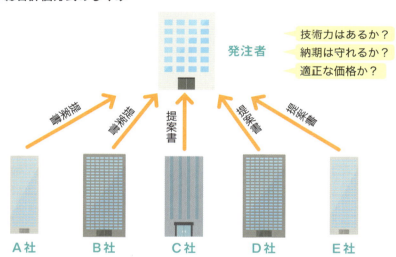

総合評価方式

	企業評価	技術者評価	技術提案	合計	落札
A社	9	10	7	26	
B社	8	9	8	25	
C社	10	8	10	28	◎
D社	7	9	5	21	
E社	10	8	5	23	

従来の発注方式

	入札額	落札
A社	15,000,000	
B社	10,000,000	◎
C社	11,000,000	
D社	12,000,000	
E社	12,000,000	

2005年から施行された品確法の主要な取り組みとして総合評価方式の導入が進められてきた。

Chapter6

12

業界をよりよくする法②

人手不足を解消する「担い手三法」

2014年「担い手三法」が施行され、公共工事の品質確保の促進についての法律が定められました。また、2019年「新・担い手三法」として、建設業の担い手を確保するための法律が改正されました。

人材不足に対応する担い手三法

「担い手三法」とは、「公共工事の品質確保の促進に関する法律（公共工事品確法）」（**6-03**参照）、「建設業法」（**6-01**参照）、「公共工事の入札及び契約の適正化の促進に関する法律（入契法）」の3つの法律を合わせてこのように呼びます。

公共工事品確法は公共工事の品質確保の促進を目的としています。また、入契法は公共工事の入札契約の適正化、そのなかでも公共工事の発注者、受注者が入札契約の適正化のために講ずべき基本的・具体的な措置を規定しています。建設業法では、建設工事の適正な施工確保と建設業の健全な発達を目的とし、建設業の許可や欠格要件、建設業者としての責務などを規定しました。

入札
工事などを受注する際、複数の建設会社が見積もり価格を発注者へ提示し、その価格の優劣などで、発注者がどの建設会社に工事を発注するかを決める方式。

新・担い手三法でさらなる強化

2019年6月、「担い手三法」が改正され、「新・担い手三法」が成立しました。2014年に「担い手三法」が施行されてから5年が経ち、さらに深刻化する人材不足に対応するための改正案が盛り込まれています。

「新・担い手三法」の改正のテーマは5つあります。「働き方改革の推進」「生産性向上への取組」「災害時の緊急対応への充実強化」「持続可能な事業環境の確保」「調査・設計の品質確保」です。

働き方改革の推進

無理な工期により現場の長時間労働が起きていることを受け、それを防止するため、公共工事の発注者に、必要な工期の確保と施工時期の平準化のための方策を講じることを努力義務化しました。

また、現場の処遇改善を目的として、建設業許可の基準を見直

▶ 新・担い手三法の成果と課題

発注者

受注者

成果
予定価格が適正に設定されるようになった！
歩切りを根絶！
価格のダンピング対策が強化された！
建設業の就業者数の減少に歯止めがかかった！

課題
地域を災害から守る建設業者としての期待にさらに応える！
働き方改革を促進し、長時間労働を是正する！
i-Construction（P.180）の推進などにより生産性を向上する！

し、社会保険への加入を要件化しました。さらに、下請け代金のうち労務費相当分については、現金払いすることを求めています。

建設現場の生産性の向上

工事現場の技術者に関する規制を緩和し、一定の要件を満たす技術者が現場管理できるように改正されています。さらに、建設業者が工場製品などの資材の積極活用を通じて生産性を向上できるよう、建設資材製造会社に対して、国土交通大臣が改善勧告・命令できるしくみを構築しました。

持続可能な事業環境の確保

建設業許可要件の一つである経営業務管理責任者に対する規制を緩和することで、事業者全体として適切な経営管理責任体制を構築することができるようになります。

災害時の緊急対応強化や品質確保

災害時に備え、緊急性の高い復旧工事には随意契約や指名競争入札を取り入れる、平時において発注者と建設業者団体が災害協定を結び、工事の円滑化を図るなどが盛り込まれています。

また、工事に準じて調査、設計の品質を高めるため、必要とされる技術水準、能力を資格などで評価し、活用する方策が強化されています。

建設資材
鋼材、木材、コンクリートなど、建設物を建設する際に必要な材料。

業界をよりよくする法③

Chapter6
13

公共工事の基本である
「公共工事標準請負契約約款」

建設工事の契約にあたり、基となる規約として建設業法とともに公共工事標準請負契約約款があります。ここでは、この約款について解説します。

契約の公平性を守る公共工事標準請負契約約款

　「公共工事標準請負契約約款」には公共工事における発注者と元請け会社、元請け会社と下請け会社との契約を適正に行うためのルールが定められています。

　これは発注者から元請け会社に対して、そして元請け会社から下請け会社に対して、一方的な力関係になりがちであるため、その課題の解消が主たる目的です。

　公共工事が主たる対象ですが、電力、ガス、鉄道などの公益性の高い民間工事も対象としています。

工事開始までの規則

請負代金内訳書
工事を受注した建設会社が契約手続き時に提出する書類。実際の落札額の積算と結果。

金銭的保証
受注した建設会社が倒産などの理由により工事の進行ができなくなった場合、発注者の経済的損失を金銭的に補填するもの。

支給材料
発注者が受注者に渡す工事材料。

　①「総則」において、工事を始めるにあたっては請負者が請負代金内訳書と工程表を作成することとしています。また、発注者が金銭的保証を必要とする場合の保証方式と、役務的保証を必要とする場合の保証方式のいずれか一方を選択することとしています。なお、請負者は工事を施工する権利の譲渡や義務の承継を行ってはならないと定められています。

　次は、②「施工体制、施工管理に関する規定」についてです。

　発注者は工事現場に監督員を置くことができます。また、請負者は現場代理人（主任技術者または監理技術者）を置かなければなりません。ここでは、工事材料の品質および検査、監督員の立会いおよび工事記録の整備、支給材料および貸与品、工事用地の確保などについての規定が定められています。

工事中、終了までの規則

　③「条件変更、設計変更、工期、請負代金等に関する規定」で

▶ 公共工事標準請負契約約款の内容

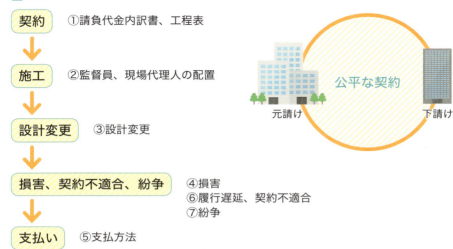

は、設計図書と工事現場の状態が異なる場合など、設計変更を要する場合の規定について定めています。また同時に、工事を中止したり、工期や請負金額を変更するときの規定が定められています。

④「損害等に関する規定」では、工事施工に関して生じた一般的障害や第三者に及ぼした損害または暴風・洪水・地震などの不可抗力による損害における対処方法が規定されています。

⑤「請負代金の支払方法等に関する規定」では、請負者が発注者より請負代金を受け取る場合の規定が定められています。

⑥「履行遅延、契約不適合、解除等に関する規定」では、工事目的物に欠陥がある場合や、指定された工期までに工事を完了させることができない場合の対応について定められています。

⑦「紛争の解決等に関する規定」では、契約に対して発注者および請負者の間に紛争が生じた場合、斡旋または調停の手続きに進んで、紛争の解決を図ることとなります。この場合の手順について定めています。

その他、情報通信の技術を利用する場合について、その方法を定めています。

COLUMN 6

英仏をまたいだ日本のシールド技術

フランス―イギリス間を走るユーロスターは、3時間でパリとロンドンを結びます。その工事の最大の問題は、ドーバー海峡トンネル（正式名ユーロトンネル）を掘ることでした。

トンネルはイギリス側とフランス側から同時に掘り進めることになり、そのうち、フランス側からシールドマシンで掘るトンネルを日本の会社が担当しました。これは自分で先端を掘りながら進む機械で、まさに「鉄のモグラ」です。

シールドマシンの行く手を阻んだのは、ドーバー海峡の海底にあるグレーチョーク層の存在でした。チョーク層は水を含めばドロドロの状態になるかと思えば、乾燥してカチカチの塊にもなりました。シールドマシンの回転数を変えながら掘り進めますが、掘削する進捗がどんどん落ちてきました。当初1日に20m進む予定でしたが、実際には3mしか進めません。さらに、掘削最前面のカッターに亀裂が入ってしまいました。現場の施工部隊は頭を抱えました。チョーク層に負けないカッ

ターディスクに改良しなければなりませんでした。フランス人と日本人のチームワークが試されるときです。

その後、いよいよ改造製作に着手しようと考えたとき、ちょうどフランスの夏のバカンスの時期に重なってしまいました。日本人チームは一人ひとりに頭を下げて頼み込みました。

「これは日本が設計した機械ですが、仕上げるのはあなたたちの腕にかかっています。どうか、ヨーロッパの夢を叶えるこの仕事に、力を貸してください」

この言葉と熱意に心動かされたフランス人技術者はバカンスを返上してマシンの改造をしたのです。

シールドマシンは、チョーク層に見事に打ち勝ちました。その後ついにトンネルは貫通し、鉄のモグラのカッターディスクが現れたのです。チョーク層に打ち勝ったカッターディスクは土と水に磨かれてたくましい表情をしていました。

ドーバー海峡の海底に、日本人とフランス人の歓声がこだました瞬間でした。

第 7 章

建設業界の現状と課題

土木施設・建築物ともに老朽化が問題となっています。
大きくインフラ、働き方の面から業界の現状を俯瞰し、
解決すべき課題について整理していきましょう。

品質に関わる課題①
建設物の老朽化に対するメンテナンス

建設物の老朽化が進んでおり、これらに関するメンテンスの事業量がますます増えています。ここでは、建設物の老朽化に対する現状について解説します。

社会資本の老朽化の現状

社会資本は高度経済成長期に集中的に整備されました。道路橋、トンネル、水門などの**河川管理施設**、下水道管渠、**港湾岸壁**のいずれもその半数近くが建設後30年以上経っており、近く一斉に維持補修する時期を迎えます。

しかし、これまで当たり前に行われると思っていたこれらの**社会資本の維持管理や更新が、今後は十分に行うことができない可能性が高いといわれています。**その理由は、担い手不足と財政難です。適切に社会資本を維持管理し、安全に安心して暮らせる日本国土をつくるためにも、**担い手の確保・育成は必須の課題となっています。**

公共建築物の老朽化の現状と将来

土木施設のみならず、公共建築物も老朽化が進んでいます。現在では、建築後20年未満の施設より、建築後20年以上経っている建築物の面積のほうが大きくなっています。

人口が増えたことにより造られた団地や学校が、**耐久年数**を過ぎて老朽化している場合も見られます。しかし、**自治体の財源確保が難しいため、老朽化したからといってその全部を修復、建て替えるわけにはいきません。**

人口減少により少人数となった学校の統廃合や数戸しか居住していない団地などの場合、存続させる必要があるかどうかを決めなければなりません。

どの施設が必要でどれが必要でないのか、取捨選択することが迫られています。

河川管理施設
堰、水門、堤防、護岸、床止めなどの施設のこと。河川の流量や水位を安定させることで、農業などの水利用や、洪水による被害防止の機能を持つ。台風、洪水時に住民の命を守る重要な施設である。

港湾岸壁
港湾のふ頭における係留施設。船舶が係留して人や貨物の積み下ろしができる。波浪により繰り返し荷重を受けるため、破損することが多い。

耐久年数
多くの分譲マンションでは、住民自らがマンションの資産価値を保つため、10〜15年に一度、補修工事を行っている。一方、その他の建築物は予算不足のため維持補修が遅れている現状がある。

▶ 建設後50年を経過する社会資本の割合

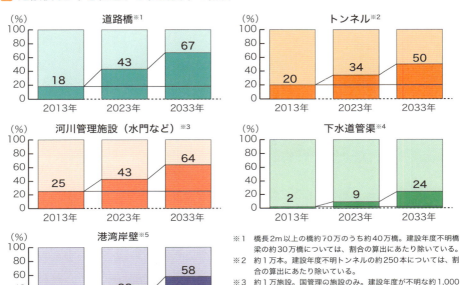

出典：国土交通省「国土交通白書」（2013年）

※1 橋長2m以上の橋約70万のうち約40万橋。建設年度不明橋梁の約30万橋については、割合の算出にあたり除いている。
※2 約1万本。建設年度不明トンネルの約250本については、割合の算出にあたり除いている。
※3 約1万施設。国管理の施設のみ。建設年度が不明な約1,000施設を含む（50年以内に整備された施設についてはおおむね50年以上経過した施設として整理している）。
※4 総延長約45万km。建設年度が不明な約1万5千kmを含む（30年以内に布設された管渠についてはおおむね記録が存在していることから、建設年度が不明な施設は約30年以上経過した施設として整理し、記録が確認できる経過年数ごとの整備延長割合により不明な施設の整備延長を按分し計上している）。
※5 約5,000施設（水深4.5m以深）。建設年度不明岸壁の約100施設については、割合の算出にあたり除いている。

▶ 公共建築物の経年別延べ床面積の割合

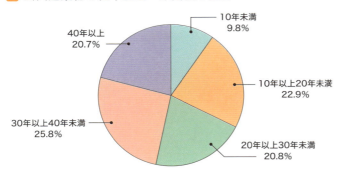

出典：国土交通省「公共建設物の老朽化対策に係る事例集」（2014年）

Chapter7
02

品質に関わる課題②

建設物の品質問題

建設物の品質は、国民の安全・安心に直接関与する事柄であり、大変重要な問題です。ここでは、建設物の品質をどのようにして確保するかについて解説します。

工事・品質を取り巻く現状

建設業界では、いわゆる談合問題が大きく取り扱われる時代がありました。談合とは、建設会社同士が相談をして受注する会社を決めるというものです。その一方で、ダンピング問題が発生してきました。

マンション新築工事やホテル新築工事において、鉄筋量を規定よりも少なくするという問題が発生しました。また、基礎杭が支持地盤まで届いておらずマンションが傾いているのではないか、ということも大きく報道されました。

このような現状を踏まえるとともに、建設物の品質を確保するため、建築基準法、建設業法、品確法が改正されています。建築基準法や建設業法では管理体制の強化、品確法では工事の品質確保、価格と品質が優れた企業への発注、発注者をサポートするしくみの明確化が定められています。

建築基準法
→ 6-02

建設業法
→ 6-01

品確法
→ 6-03

入札制度の推移

品質の高い建設物を造り続けるために、入札制度も変遷しています。

従来多く採用されていた指名競争入札とは、発注者が数社の企業を指名して入札する方式です。これに対して、一般競争入札は、すべての建設会社が当該工事の入札に参加できる方式です。

指名競争入札が入札業者を限定するため閉鎖的であるのに対し、一般競争入札は多くの会社が応札でき開放的です。一方、一般競争入札では工事実績がその後の工事受注に直接関連しないため品質低下、安全性低下の恐れがありますが、指名競争入札では優良な企業の受注機会が増える可能性が高くなります。

▶ 入札方式のメリットとデメリット

入札方式	メリット	デメリット
指名競争入札	仕事の実績が評価される	閉鎖的
一般競争入札	開放的	品質低下、安全性低下の恐れ
総合評価方式	複数要因（価格、技術評価、地域性、技術者要因など）で決まるので公平性が高い	技術提案を作成する企業の負担が大きい

▶ 過去に起きた品質問題の例

● **2005年 構造計算書偽装**

構造計算書が偽装され、地震に対する安全性が脅かされた。対象となった建築物はマンションなど20棟以上で、検査機関の見逃しも問題になった。

● **2015年 免震ゴム支承偽装**

建物の免震材として基礎の部分に用いるゴムの性能データが改ざんされた。全国で150棟以上に使用されていた。

落橋防止装置の溶接不良隠蔽

国道橋で、部品の溶接不良が隠蔽されていた。検査した中の7割に溶接不良があり、亀裂が見つかった。

マンション杭データ改ざん

横浜のマンションで、杭支持力データが改ざんされた。基礎杭の支持層への未達、根入れ不足が見つかった。

● **2016年 地盤改良データ改ざん**

空港滑走路で、契約どおりに改良体を造成していないことが発覚した。位置、深さ、薬剤の注入量すべてが契約と違っていた。

● **2018年 オイルダンパー検査データ改ざん**

免震、制震に使われるオイルダンパーに関するデータが15年以上にわたって改ざんされていたことが発覚した。被害は官公庁、公共施設、マンションなど1,000件近くに及んだ。

　指名競争入札における談合の問題、一般競争入札における品質・安全性低下の問題、これらを解決していくため近年では総合評価方式（6-11参照）で発注されることが増えてきています。

　民間工事においても、入札金額のみならず、その会社の技術力やその担当する技術者の能力を勘案して発注する会社、施工する会社を決める方式を導入することが求められています。

支承（図中）
上部構造の重さを下部構造に伝える部材。

Chapter7
03

インフラに関わる課題①

高速道路にはどんな効果があるのか

無駄な高速道路が増えているという批判があるのも事実ですが、ここでは全国に張り巡らされた高速道路がもたらすメリットを2つに分けて解説します。

工業団地
一定区画の土地を工業用地として整備し、工場や倉庫を集団的に建設した地域。遊休地を大規模に造成して建設することが多い。

幅員
幅員はおおむね一般国道では 3.0〜3.5m、高速自動車国道では 3.5m である。また、自転車道の幅員は 2.0m 以上、自転車歩行者道の歩行者が多い場合は 4.0m 以上、その他は 3.0m 以上、歩道の歩行者が多い場合は 3.5m 以上、その他は 2.0m 以上となっている。

スマート・インターチェンジ
通常のインターチェンジとは異なり、高速道路の本線上やサービスエリア、パーキングエリア、バスストップ に設置されているETC専用のインターチェンジ。大規模工事を必要としないので、比較的安価に建設できる。

📍 高速道路で実現する都市再生・地域振興

　フロー効果とは、その工事そのものにより短期的に経済全体を拡大させる効果、ストック効果とは、高速道路を使用することにより中長期にわたり得られる効果です。高速道路には、フロー効果とストック効果があります。ここでは、主として高速道路のストック効果について解説します。

　まず一つには「都市再生・地域振興」が挙げられます。高速道路ができることで、都市の再生・地域の活性化が図られます。

　高速道路網が広がることで、高速道路間の迂回機能が形成され、目的地までの所要時間が短縮しています。物流が安定化して効率化が高まり、過疎地域だったところに工業団地を造成するなどして日本国内の工業化の推進が図られています。地域の雇用が促進される効果もあります。さらに農業支援にもなります。農産物の運送コストと流通時間が短くなり、農業の振興が進んでいるのです。

　高速道路が開通することで、観光地までの時間、距離が短くなり、観光ツアー客が増加します。一般道の幅員が狭く急カーブが多いところでは、観光シーズンなどの混雑時期に渋滞が発生していました。しかし、高速道路の開通によりその渋滞が解消され、観光地を訪問する人の数が増えるという効果があります。近年ではスマート・インターチェンジの増加に伴い、観光地までの移動時間がさらに短くなっています。

　また、インターチェンジが設定されることで、ショッピングセンターやショッピングモールといわれる大型小売店数が増加しています。

　公共交通の支援という側面もあります。高速道路が開通するこ

158

▶ 高速道路の効果

フロー効果	社会資本効果	ストック効果
● 高速道路建設工事による経済拡大効果 ● 雇用創出による消費拡大		● 高速道路開通による危険の回避 ● 災害時の救援活動 ● 移動の効率化 ● 観光振興 ● 居住環境の向上 ● 地域振興 ● 生産性向上

とで、都市間を結ぶ高速バスの運行時間が短くなり、高速バスを使用する人の数が増えるようになります。また、高速バスの路線が増えることで、利便性が高まるというメリットがあります。

高速道路で実現する防災・危機管理

次に二つめのメリットです。

これまで峠を越え、降雨時や降雪期に危険を感じていた道路であっても、それら危険箇所を回避する高速道路を開通させることで、安全・安心を確保することができます。また、緊急災害時における代替ルート機能を構築することで、緊急災害時における救援活動がスムーズに行われるようになります。

東日本大震災においても高速道路が代替ルートとして機能しましたし、日本海側の物流網が太平洋側の代替ルートとして機能するため、大規模地震発生時でも物流が途切れることがないというメリットがあります。また、自然災害時の迅速な救援活動を援助でき、人命救助や医療活動を支援することができます。

さらに、高速道路を整備することにより、病院へ「60分」で到達可能な人口が増え、その地域の救急医療環境が改善されています。治療開始までの60分は高い生存率を確保できる時間といわれており、救急医療では重要な時間帯とされています。

峠
峠道は、大雨が降ると道路が流失し、大雪が降ると通行止めになる恐れがある。そのため、峠を迂回するトンネルや高速道路は地元住民の悲願であることが多い。

Chapter7
04

インフラに関わる課題②

普及率79.3%　下水道整備の遅れ

下水道の整備は、国民の安全・安心な生活に直接関連します。一方、下水道整備が遅れている地域があることも事実です。ここでは、下水道整備の現状と将来について解説します。

衛生を守り治水に不可欠な下水道

　下水道とは、何のためにあるのでしょうか。まず、汚水を浄化するためです。我々が生活する際に発生する汚れた水を浄化しています。次に、降雨による水を排除するためです。雨が降った際に生じた水を迅速に排水し、街に水があふれないようにしています。これらが下水道の目的です。

　下水道が地震や集中豪雨などによって被災すると、国民の生活に深刻な影響を及ぼします。例えば、トイレの使用ができなくなったり、汚水が流出することにより衛生上の問題が発生します。雨水が排除されなくなると浸水被害が起こりますし、下水道に付帯しているマンホールが浮き上がると、道路を車両や人が通行できなくなり交通機能が阻害されます。

　このように、下水道は重要な構造物であり、下水道を建設・維持管理することが重要な課題といえます。

　日本の下水道普及率を見てみましょう。全国の下水道普及率は、2018年度末で79.3％（下水道利用人口／総人口）です。特に下水道普及率が50％未満の都道府県は、和歌山、島根、徳島、香川、高知、鹿児島の6県となっており、早急に整備する必要があります。

　世界に目を転じると、下水道が普及していない地域はかなりの範囲に広がっています。衛生施設を利用できない人々の人口に対する割合は、世界平均で36％です。そのため、日本の下水道技術を世界で利用できるよう、世界規模で支援する必要がますます高まっています。

維持管理上の問題を解決

　下水道施設の維持管理上の問題が大きくなってきています。下

マンホール
下水管などの検査・掃除をするために人が出入りする箇所。鉄またはコンクリートのふたをする。洪水時には下水道を満水の雨水が流れ、マンホールから水が噴き出ることがある。

下水道が普及していない地域
下水道が普及していない国では、汚水が街にあふれ衛生上の問題が発生し、大雨時に浸水しやすくなるなど都市機能に直接影響する。海外に行くと「日本が一番住みやすい」と実感する点でもある。

160

都道府県別・下水道処理の人口普及率

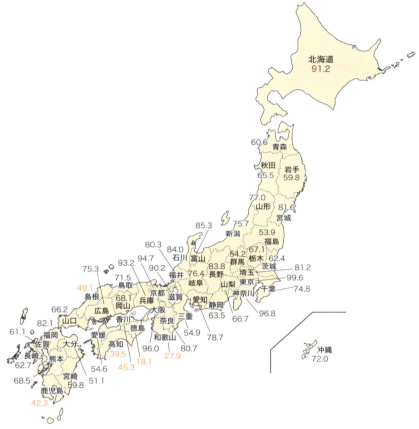

注：下水道処理人口普及率は、小数点以下2桁を四捨五入している。2018年度調査は、福島県において、東日本大震災の影響により調査不能な町村（楢葉町、富岡町、大熊町、双葉町、浪江町、葛尾村、飯舘村）を除いた値を公表している。
出典：国土交通省「都道府県別下水道処理人口普及率」（2018年度末）

水道管路のずれや破損、下水道内部に汚水が付着することによる流水面積の減少などの問題です。

　これらを防ぐために、従来は古くなった管を道路上から掘り起こし新たな管を敷設しました。しかし道路を掘り起こして工事することから、交通渋滞や近隣住民への騒音被害が発生しました。

　そこで現在では、管路更生工法が多く用いられています。これは既設の管路に硬質塩化ビニール材を挿入して、内部をなめらかにし、管路全体を強靭にする工法です。道路を掘り起こす必要がなく、既存の管路を再使用できることから広く用いられています。

Chapter7
05

インフラに関わる課題③

河川整備の遅れと洪水の発生

近年、大規模な降雨の発生により、河川の氾濫や洪水が多発しています。ここでは、河川整備の現状と今後の課題について解説します。

遅れる河川整備

河川氾濫
氾濫には外水氾濫・内水氾濫の２種類がある。外水氾濫とは、河川の水位が上昇して起こる水害。内水氾濫とは、市街地に降った雨水の量が処理能力を超えたため水害が発生することをいう。

　近年の大雨による河川氾濫は、河川全体の治水工事が終わっていなかったことが大きく影響しています。国の治水事業費は、1997年度の１兆3,443億円から9,528億円程度（2018年度）まで減少しています。

　国の堤防の整備計画は、過去の洪水をもとに算出した流量をもとに立案しています。しかし、昨今では地球温暖化の影響もあり、戦後に起きた最大規模の洪水を超える雨が降っており、今後の整備計画を再構築する必要があります。

河川整備の原則

　治水の原則は、洪水の水位を下げることです。そのためには次の５つの方法があります。

　まず１つめは「ダム・遊水池で水を貯める」方法です。ダム、遊水池で水を貯めると下流への洪水時期をずらすことができます。近年、遊水池が都市部の地下に建設されています。２つめに「川幅を広げる」方法があります。川幅を広げると水位が下がります。しかし、用地が必要になるため、住宅密集地では困難です。３つめに「川底を掘る」という方法があります。川底を下げても水位が下がります。しかし河口付近では塩水が逆流し、田畑に塩害が発生します。これら３つの方法が、河川改修工事としてよく行われます。

　次の２つの方法は、人口の多い地域を守るためにその他の地域が犠牲になるというデメリットがあります。その１つめは「上流で洪水を発生させる」という方法です。つまり意図的に他の場所で洪水を起こして下流を守ります。下流を守る一方で上流に被害

▶ 治水のための5つの方法

▶ 治水事業費の推移

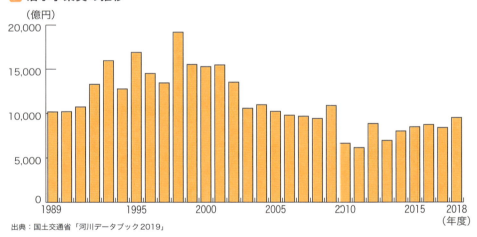

出典：国土交通省「河川データブック2019」

が発生するという問題があります。もう1つは「水を他の場所に移動させる」という方法です。影響度の低い箇所に洪水を誘導します。古くは利根川を東京から千葉に向けて曲げて、東京を守りました。

　これら5つの方法を組み合わせ、流域の人々の意見を聞きながら、大雨による洪水の危険性を減らす必要があるでしょう。

163

Chapter7

06

インフラに関わる課題④

空港・港湾整備の現状

これまでインフラ整備を着実に進めてきた結果、空港・港湾整備水準は大きく向上しており、社会インフラは整いつつあります。ここでは港湾開発の現状と課題を見ていきましょう。

港湾開発の現状と課題

コンテナ船
コンテナ（ものを運ぶ容器）を海上にて輸送する貨物船。港ではコンテナクレーン（ガントリクレーン、橋形クレーン、キークレーンともいう）を用いて、船からトラック間の荷下ろし、荷積みを行う。

バース
Berth。貨物の積み下ろしのために着岸する場所。似た言葉にふ頭（WharfもしくはDock）があり、船が停泊するための一連の施設・場所を指す。ドック、波止場とも呼ばれる。

1つめは**コンテナ船**に対応できる戦略的な港湾整備による**国際競争力の強化**です。基幹航路である欧州・北米航路を就航するコンテナ船は、引き続き大型化が進んでいます。国際戦略港湾の国際競争力を強化するため、大型コンテナ船に対応した**バース**の整備やターミナル機能の高度化・効率化を図っています。

2つめは「国際バルク戦略港湾」の整備です。穀物、鉄鉱石など、ばら積み貨物を載せた大型船に対応した港湾機能を整備し、エネルギー資源や食料の安定的かつ安価な輸入の実現に対応することを目指しています。

3つめに**年々増加するクルーズ船の寄港への対応**です。国土交通省の発表によると、日本の港湾へのクルーズ船の総寄港回数は2,867回（2019年）で、クルーズ船を運営する会社による民間投資と公的資産による受け入れ環境整備を効果的に組み合わせ、クルーズ拠点を整備しています。

このほかに、地震や洪水により被害を受けた港湾の復旧・復興、港湾を整備することでその地域の産業を発展させ、雇用促進につなげる必要もあります。

空港整備の現状と今後の課題

インバウンド
内向きに入ってくるという意味。近年では、主に外国人が訪日することを指す。逆に外に出ていくことをアウトバウンドといい、日本から外国へ旅行することを意味する。

新規の空港建設事業が一段落しており、今後は空港施設の維持管理、老朽化対策が重点課題となっています。**インバウンド**の増加や空港のコンセッション方式（**9-03**参照）での運営の進展により、空港会社の保有する自主財源を活用して、維持管理・老朽化対策に重点的に取り組んでいく必要があります。

164

日本の港湾

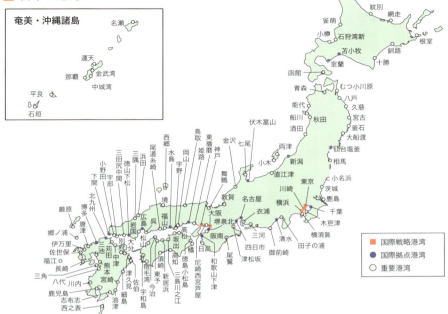

出典：国土交通省「港湾数一覧、国際戦略港湾、国際拠点港湾及び重要港湾位置図」より作成

日本全国の空港

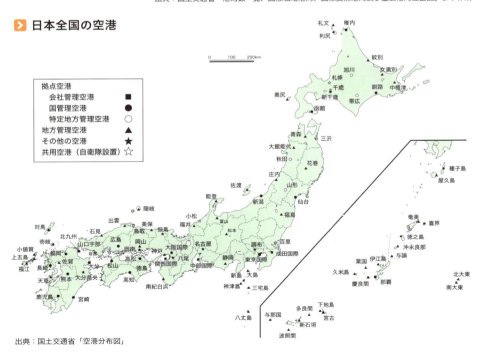

出典：国土交通省「空港分布図」

第7章 建設業界の現状と課題

165

自然の資源に関わる課題

Chapter7 07

林道整備の遅れに伴う
森林未整備問題

日本の広い面積を占める森林で大きな問題が起きています。未整備であることにより台風などで木が倒れたり、雨が降ると表土が流出し土砂災害が多発します。

森林の現状

森林
森林の土壌が、降水を貯留することで洪水を緩和し、川の流量を安定させ、さらに、雨水が森林土壌を通過することにより、水質が浄化される。森は海の恋人、ともいわれ、海の環境をよくするために、植樹をする活動がなされている。

森林は地球環境を守るために重要な資源です。その機能を発揮する上で、望ましい森林の姿を目指し、整備・保全を進める必要があります。

現在、日本の林業は衰退しています。林業従事者は減少の一途です。林業が衰退すると、間伐がなされず、樹木が細くなってしまいます。すると地面に日が差し込まなくなるため、下草が生えなくなり土砂の流出量が増えます。その土砂は河川に流れ込み、河床が高くなり洪水被害が増える一因となっています。

森林面積が減れば、CO_2の量が増え、地球環境にも悪影響を及ぼしますし、水質悪化の原因にもなり、漁獲量減少の一因ともなります。

林道整備の必要性

林業を復興し森を守るためには、適切な林道整備が必要です。ここに建設業の役割があります。林道が整備されることで、林業にかかるコストを下げることができます。伐採した樹木を容易に運び出すことができるようになります。そのことで間伐が適時できるようになり、樹木が立派に育ち、高価格で売れる木材を育てることができるようになるのです。そのことで、林業の経営がなりたち、従事者が増えるきっかけになるでしょう。

林道は「林道」「林業専用道」「森林作業道」に分かれます（図参照）。建設業の役割は、その用途に応じた林道を低コストで整備することで、林業を振興させ、地球環境を守ることです。またそのことで、特に山間地域の建設業の工事量が増え、林業、建設業ともWin-Winの関係をつくることができます。

166

林道の整備

林道

林道
一般車両の走行も想定し安全施設を備えた道

林業専用道
10tトラックなどの走行を想定した必要最小限の構造の道

森林作業道
フォワーダなどの林業機械の走行を想定した森林施業用の道

法面高を低く抑える
地山に沿った波形線形により、法面の高さを低く抑えている。構造物を抑制でき、災害に強く、林地へのアクセスが容易になる。

水を集めない
こまめに水を排水することで、分散排水を行い、災害に強い道を造る。

出典：林野庁ホームページをもとに作成

Chapter7

08

労働に関わる課題①

建設労働者の労働環境

建設業従事者の労働環境が課題となっています。長時間労働を抑制して、多くの人が建設業で働く機会を得るようにしなければなりません。建設労働者の労働環境について解説します。

建設業の給与水準は増加傾向

公共工事設計労務単価
公共事業に従事する建設労働者の8時間当たりの賃金単価。この金額に基づいて、公共工事の工事費の積算をしている。

人手不足を背景に、建設業で働く男性の年間賃金総支給額は、建設業全体では上昇傾向にあります。**公共工事設計労務単価**は年々増加しており2万円弱となっています。

労働時間はおおむね長め

建設業で働く人たちの年間実労働時間を見てみましょう。年間実労働時間は、建設業ではおおむね2,000〜2,100時間の間を推移しています。一方、製造業では1,900〜2,000時間の間を推移しています。厚生労働省が調査している産業全体の年間実労働時間は、約1,700時間です。つまり、2017年度においては、建設業は製造業に比べて92時間、全産業に比べて339時間それぞれ労働時間が長くなっているのです（図参照）。

このように、建設業の労働時間が長くなっている原因の一つとして挙げられるのが、自然環境を相手にしていることです。雨が降ったり強い風が吹くと屋外の作業ができなくなり、その分労働時間が長くなる傾向があります。また、夏の暑さや冬の寒さ、さらには降雪なども労働時間が長くなる原因の一つです。

4週8閉所
現場を4週のうち8日間閉めてしまい、その工事に従事する人が全員休めるようにすること。これに対して4週8休とは4週のうち8日間交代で休暇を取ることで、現場は閉めないため交代で勤務している。

つづいて、建設業における休日の状況を見てみましょう。全体において4週8休は8.5％、4週7休が2.3％、4週6休が24.5％です。4週当たりの平均休日数は5日で、世の中で当たり前となっている週休2日制には程遠い状況です。

この状況を踏まえ、建設業界全体として休日の確保や増加に取り組んでいます。**4週8閉所**の推進、日給技能者の月給化なども進めています。さらに、ICT（→P.44）を活用して生産性を向上したり、雨天や強風であっても仕事ができるような機械化・自動

労働時間の推移

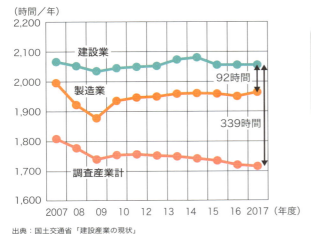

出典：国土交通省「建設産業の現状」

化の取り組みが進んでいます。

社会保険加入率は低め

国の社会保険制度として、==健康保険、厚生年金保険、雇用保険==があります。健康保険、厚生年金保険は従業員が5人以下の個人事業を除いて、法人・個人事業ともに加入が義務付けられています。また、雇用保険は法人・個人事業問わず従業員が1人でもいる場合に、加入が義務付けられています。

しかし、==建設業においては社会保険に加入していない会社が多く、40％程度の建設会社が未加入となっています。==そのため、健康保険、厚生年金保険、雇用保険の3つの保険を対象に、全従業員が社会保険に加入できるよう推進しています。

社会保険に加入すると、会社は従業員に支払う給与の約15％の法定福利費を負担しなければなりません。しかし、建設業界では若い人材がどんどん減っている上に、社会保険にすら入っていない業界と思われてしまえば、若い人材をますます集めることができなくなるでしょう。このことから、==国や業界全体として建設業者に対する社会保険の加入を徹底しています。==

職場環境を改善し、建設業界への入職者を増やし、建設業界を活性化させようとしています。

健康保険、厚生年金保険、雇用保険
健康保険は、仕事が原因以外の病気やけがに関して補償するもの。
厚生年金保険は、主として老後の年金の財源となるもの。
雇用保険は失業した場合に補償するもの。この3つに労災保険を加えて社会保険という。

Chapter7
09

労働に関わる課題②

建設業界にも働き方改革推進

長時間労働、給与水準を改善するために、建設業においても働き方改革が進められています。ここでは、建設業における働き方改革の現状と今後について解説しましょう。

働き方改革と長時間労働の是正

働き方改革とは、「1億総活躍社会」を目指す取り組みの一つです。背景には、生産年齢人口の減少による深刻な労働力不足があります。そのため、出生率を上げ、働き手を増やし、労働生産性を上げることが目標とされています。しかし、これらを正社員の長時間労働が阻害している現状があります。そこで、働き方改革では、長時間労働を防止し、労働生産性を上げるための活動をしています。

週休2日制工事を大幅に拡大するため、週休2日制の実施に伴う必要経費を発注金額に上乗せしています。また、長時間労働とならないように、適正な工期設定を推進しています。

給与アップと社会保険加入の推進

建設技能者が技能や経験にふさわしい処遇（給与）を実現するため、建設キャリアアップシステムが導入されています。さらに、技能や経験にふさわしい処遇や給与が実現するよう能力評価制度の策定をしています。また、社会保険の加入を推進するため、社会保険に未加入の建設会社は、建設業許可や更新を認めない取り組みが推進されています。

生産性向上に関する取り組み

生産性を向上させるために、従業員の労働時間を管理するシステムの導入や現場に施工管理アプリを導入する取り組みが行われています。また、ICT土工（**8-01**参照）、ICT舗装、ICT地盤改良（**8-02**参照）などが進展し、現場作業の機械化・自動化が推進されています。

さらに、多能工を推進することで、現場の手待ち・手戻り・手

建設キャリアアップシステム

技能者の現場における就業履歴や保有資格を、ICカードにて一元管理しようとするもの。着任した工事現場にてカードリーダーにタッチすることで就業履歴が保管される。

多能工

1人で複数工種の作業ができる職人のこと。作業の効率化を目指す目的で、多能工の育成が進んでいる。土木分野では型枠工、鉄筋工、土工、建築分野では内装工の多能工化が進んでいる。

新卒者の入職状況

高齢化の状況

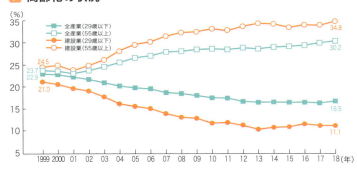

直しを削減し、現場の作業を効率化させる取り組みが進められています。

働きがいを高める

　ここまで述べたような待遇を良くすること、そして安心して働けるような標準化やマニュアル化を進めること、これらを併せて「働きやすさ」といいます。

　一方、会社や現場全体が**安全基地**であること、現場においての働きぶりを正しく評価すること、そして仕事を通じて成長すること、これらを高めることで「やりがい」が増します。「働きやすさ」と「やりがい」が相まって「働きがい」が増すといわれています。

　建設業においても、人材の高齢化が進んでいます。これまで以上に働きがいを高め、若年層の働き手を集めるには、働きやすさとともに、やりがいを高める必要があります。そのためにも、人材育成制度、人事評価制度、業務の標準化や平準化をこれまで以上に推進する必要があります。

安全基地
子どもは安定・安心を保証した環境があることで辛い境遇や危険を乗り越えていくことができるようになる。同様に工事現場担当者にとって、上司や本社が「安全基地」となれば、新工法、新技術にチャレンジでき、困難な現場環境を乗り越えることができるようになる。

Chapter7

10

労働に関わる課題③

労働災害への対策

建設業は他産業に比べて労働災害が多い業種です。一方、業務の進め方の改善が進み、年々労働災害数が減っているという現状もあります。

労働災害の現状

建設業における死傷者数は、製造業に次いで第2位ですが、死亡者数はトップです。建設業における災害の重篤度が高いことがわかります。

建設業における死傷災害の事故累計は、1位転落・墜落、2位はさまれ・巻き込まれ、3位転倒となっており、高い確率で死亡災害が起きている転落・墜落災害を防止することが欠かせない状況です。

一方、2017年の死亡災害323人のうち、55歳以上の高年齢労働者の死亡が147人と全体の45.5%を占めており、中でも60歳以上は109人と非常に高い割合となっています。

労働災害防止の取り組み

建設業における労働災害を防止するための取り組みとして、リスクアセスメントの実施が挙げられます。リスクアセスメントとは、事前に事故や現場における労働災害を予知し、それに対する対策を打つというものです。

建設業は一品生産であり、現場ごとにリスクが異なります。そのため、事前に詳細なリスクアセスメントをすることが必要です。

リスクアセスメント実施による対策で最も効果的なものは、リスクを無くし低減することです。例えば、高所作業を無くしたり減らしたりすることで、高所からの墜落災害は減少します。次に効果的な対策は、高所からの転落・墜落リスクを防御することです。これは、墜落防止設備や防止柵を設けることで、仮に墜落しても下部まで落ちないようにすることなどがあたります。

労働災害防止の取り組みとして、ほかにICT化・機械化・自動

労働災害
略して労災（ろうさい）と呼ぶ。業務に起因して被るけがや病気のこと。建設業では、工事現場における労働者の災害を守るのは、元請け建設会社である。

一品生産
発注者の注文や要望に沿って、建設物を一つずつ造り上げること。同じものが世界中に一つもなく、すべてオリジナルであることが建設業で働くことの難しさであり醍醐味でもある。

▶ 業種別に見る死亡災害（2017年）
● 休業4日以上の死傷災害発生状況

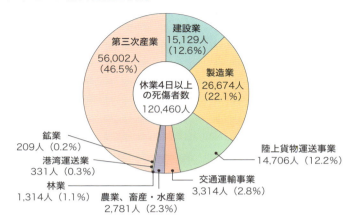

● 死亡災害発生状況

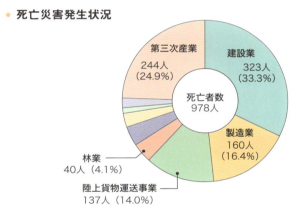

出典：厚生労働省「労働者死傷報告」

化の活用があります。これまで人が行っていた作業を機械が行い、自動的に作業を進めることで、労働災害を防ぐことができます。例えば、鉄筋の自動組立や**吹き付け**ロボットがあります。また、重いものを持つと腰痛になりがちですが、腰痛を緩和するための作業支援ロボットの設置などが進められています（**9-06**参照）。

このようにして、建設業の労働災害防止の動きが一層進み、建設業における死傷事故・死亡災害を減らす取り組みが進められています。

吹き付け
壁や天井に仕上げ材を用いて吹き付け、付着させる方法。住宅の内外壁にさまざまな色彩や模様を作り出すことができる。作業者は吹き付け材の跳ね返りを体に受けることになり、作業環境はよくないため、ロボット化が進められている。

Chapter7

11

経営に関わる課題

中小建設会社の事業承継問題

現在、建設会社では後継者不足や今後の事業縮小のため、事業承継をどのようにするか悩んでいる経営者が少なくありません。ここでは、中小建設会社の事業承継問題について解説します。

建設業が行う事業承継の傾向

後継者不足に悩む企業が多いことが、建設業全体の特徴です。後継者を見つけられない企業が、そのまま廃業することも少なくありません（図参照）。事業承継で親族に会社を引き継いでもらうケースが最も多いですが、後継者が見つからない場合、M&Aにて事業を残すことも一つの方法です。

事業承継の3つのメリット

建設会社が事業承継することによるメリットは、3つあります。

一つには、会社とその信用を残すことができるということです。従業員、協力会社、そして顧客との信用を残すことができます。また、さらなる発展の可能性が挙げられます。新たな経営者が新たなアイデアで事業を進めることで、経営力が増し、さらに発展することができます。最後に、廃業コストの削減です。廃業の際にかかる多額の処分費用がかからなくなります。

事業承継を行う際の注意点

事業承継の対象者は、まず身内、つまり息子や娘の中から後継者選びが行われるでしょう。その場合、早い段階で身内に承継することを伝え、後継者が準備をすることが欠かせません。

次に、自社の社員や経営者の知り合いの中から後継者選びが行われます。特に自社の社員から後継者を選ぶ場合は、同じように早い段階でその社員に後継者として考えていることを伝え、いわゆる「帝王学」を学ばせる必要があります。

一方、以前のように家庭に子どもがたくさんいる時代ではなくなったため、後継者の子どもから経営者を選ぶことが難しくなっ

事業承継
会社の経営を後継者に引き継ぐこと。事業継承ともいう。

M&A
Mergers（合併）and Acquisitions（買収）の略。2つ以上の会社が1つになったり（合併）、他の会社を買ったりすること（買収）をいう。

帝王学
将来、事業を承継することを前提として、幼少時から経営者としての特別教育すること。一般社員に対しても早期に行うことが効果的だ。
具体的にはリーダーシップ論である。経営術といった個別の学問ではなく、経営者としての人格や人徳を備えるためになすべきこと、考えるべきことを学ぶ。

174

企業の倒産、休廃業・解散

出典：帝国データバンク「全国休廃業・解散動向調査」「全国企業倒産集計」

後継者問題に関する課題

建設業の経営上の課題
後継者問題を課題とする建設業者

出典：国土交通省「建設業構造実態調査」

ています。また、社員の中でも先行きの不透明感や資金力不足で、後継者を引き受ける人が少なくなっていることも事実です。

M&Aを活用して事業拡大

そんな中、次の選択肢として M&Aの活用 があります。建設会社の中には、事業拡大や専門領域の拡大を目指す会社があります。特に若手経営者には、積極経営をすることで事業規模の拡大を目指している人も多くいるでしょう。そのような経営者に事業を売却することで、購入側そして売却側ともメリットを受けることができます。この場合も 早い段階でM&A仲介会社に相談を行い、廃業ではなく 事業承継を目指すことに積極的に取り組む必要があ ります。

Chapter7

12

グローバル化に関わる課題

海外工事の現状と課題

日本の建設会社の海外工事の割合が2009年以降、増加傾向にあります。ここでは、建設業の国際化における現状と課題について解説します。

海外工事受注の推移

海外工事の受注は、2000年代半ばには中東地域を中心としていましたが、現在では過半の受注金額はアジアからであり、その他は北米、欧州、大洋州などとなっています（図参照）。

海外工事受注の内訳

以前は、ODA（政府開発援助）関係の土木工事の比率が高かったのですが、現在は民間工事が増えています（図参照）。近年では、建築系が約70％、土木系が約30％と建築工事の割合が増えています。建築工事の内訳は、工場、公益施設、住宅、商業ビルなどです（図参照）。

世界の建設会社の台頭

これまで世界の建設業をリードしてきたのは、日本や欧米のスーパーゼネコンでした。ところが近年、新興国の建設会社に追い落とされつつあります。とりわけ、中国では、建設業の台頭ぶりが凄まじく、建設業の世界第1〜4位を中国企業が独占しています。

日本のスーパーゼネコンは、グローバルランキングでは、大林組、清水建設、鹿島建設、大成建設の4社がかろうじて世界30位以内となっています。

また、日本の建設会社は、アジアを中心に海外展開を図ってきましたが、海外受注比率は現在でも14％程度です。欧州の建設会社の約70％、米国の建設会社の約63％などに比べると、少ない事業量です。

中東地域

インド以西のアフガニスタンを除く西アジアとアフリカ北東部。産油国が多いため、工事量が多く、日本の建設会社も多くの社会資本整備やプラント工事を受注している。

新興国

BRICs、VISTA、ネクスト11と分類することが多い。
BRICs（ブラジルBrazil、ロシアRussia、インドIndia、中国China）。
VISTA（ベトナムVietnam、インドネシアIndonesia、南アフリカSouth Africa、トルコTurkey、アルゼンチンArgentina）。
ネクスト11（ベトナム、韓国、インドネシア、フィリピン、バングラデシュ、パキスタン、イラン、エジプト、トルコ、ナイジェリア、メキシコ）。

176

海外工事の受注金額の推移

発注者別の受注推移

プロジェクト別の受注推移

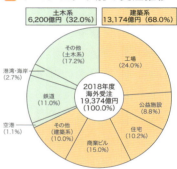

注：「その他（建築系）」には、諸施設のリニューアル、流通施設、ホテルを含む。「その他（土木系）」には、道路、上下水道を含む。　資料：海外建設協会
出典：一般社団法人 日本建設業連合会「建設業ハンドブック2019」

WTO

世界貿易機関（WTO：World Trade Organization）は、自由貿易促進を目的とした国際機関。WTO対象案件に指定されると、海外の建設会社が日本の工事に応札することができる。その際、海外の建設会社が不利にならないように、地域条件や技術者要件が緩和されていることが多い。

日本建設市場の国際化

日本の建設市場にて海外の建設会社が仕事をするようになったのは、1988年の日米政府間合意がきっかけです。その後、1996年のWTO政府調達協定が発効されました。基準額を超える設計や工事は、海外の建設会社にも門戸を開かないといけないようになり、日本市場の国際化が進んでいます。

COLUMN 7

黒部ダムが関西に灯りをともした

　私は兵庫県神戸市に生まれ、育ちました。昭和30年代には頻繁に停電があり、電力会社は、その対応に追われていました。

　その事態を受け、富山県に黒部ダムを建設し、水力発電を推進することを決定しました。しかし、黒部ダム建設工事現場はあまりにも奥地であったため、資材を運搬するためにダム予定地まで大町トンネル（関電トンネル）を掘ることを決めました。

　トンネル工事は1956年に着工し、1日20.2m、月進220mという新記録を達成しながら順調に掘り進みました。

　ところが1957年、坑口から1,691m掘り進んだ地点で、破砕帯に遭遇しました。岩盤から、針でつついたように水がピューッと吹き出してきたのです。その後、支保工がミシッ、ミシッと鳴り出しました。職長が避難の笛を吹いたその時、切羽の地盤が盛り上がり、およそ100㎥の岩や土砂を押し出し、さらに最大660ℓ／毎秒にも及ぶ地下水が噴出したのです。

　崩れた切羽から吹き出す水は勢いがよく、水温は4度。掘っても掘っても土砂が崩れ、全く前に進みません。

　施工方法が協議され、トンネルルート変更さえも議題に上りました。しかし破砕帯の突破に全力を尽くすことになりました。水抜きのためのパイロットトンネル、さらにはセメントミルクを注入し、破砕帯を固めました。しかし噴き出す水の量はますます増え続け、現場は暗い雰囲気が漂いました。

　やがて秋から冬になり、朝晩の気温は氷点下20度まで下がっていました。すると、水量が徐々に減少し、12月ついに切羽からの水の量はしたたるほどになったのです。そして12月2日午後2時35分、切羽には強固な岩盤が露出しました。破砕帯を、完全に突破したのです。

　その後、1958年2月25日、ついに貫通し黒部渓谷からの風が大町に吹き込んだのでした。

　多大な苦労を経て建設された黒部ダムによって作り出された自然エネルギーによって、今も関西地方に消えない灯りがともり続けています。

第 8 章

建設業界を支える
最新技術

建設業界でもICTが取り入れられ、精度アップや時
間短縮、情報の共有などに役立っています。この章で
は主な技術についてビジュアルを多く用いながら解説
していきます。

Chapter8
01

土木業界の技術①

ICTの導入による土木業務の効率化「ICT土工」

i-Constructionとは、ICTの全面的な活用などの方法で、建設生産システム全体の生産性向上を図り、魅力ある建設現場をつくろうという取り組みをいいます。

ICTの全面的な活用

ICTとは「Information and Communication Technology（情報通信技術）」の略です。ICTとITはほぼ同義語ですが、ICTでは「人と人」「人とモノ」といった情報伝達のコミュニケーションがより強調され、情報・知識の共有に焦点が当てられています。3次元データの導入やICタグなど、調査、測量、設計・解析、施工、検査などのあらゆる建設生産プロセスにおいて、この情報通信技術を全面的に活用し、高効率、高精度の施工を行おうとするものです。そのため、国土交通省では3次元データを活用するための新基準や積算基準を整備しています。

国の大規模土工では、発注者の指定でICTを活用、中・小規模土工については、受注者の希望でICT土工を実施することができます。都道府県の発注工事でもICT土工が推進されていきます。また、すべてのICT土工で、必要な経費を計上したり工事成績評定で加点されたりしています。

生産性を上げるICT土工

ICTを土工における測量、設計、施工、検査の全工程で導入し、3次元データを一貫して使用することにより、生産性の向上を目指します。

多くの現場で用いられているICT土工について解説しましょう。

まず、ドローンなどを活用し写真測量を実施します。その写真測量により得られたデータをもとに、3次元データの設計図を作成し、現状地形と設計地形との差がわかるようにデータ化します。

次に、その情報を現場のICT建設機械に転送します。ICT建設機械のオペレーターは、タブレット端末で3次元設計データを確

3次元データ
調査・測量から設計、施工、検査、維持管理、更新の各時点で3次元（縦・横・高さ）情報を活用しようとする取り組み。

土工
土を掘ったり、盛ったり、運んだりする工事。

ドローン
遠隔操作を受けて自立飛行する（→P.184）。

180

▶ ICTの流れ

3次元データ活用

調査 ▶ 測量 ▶ 設計・解析 ※1 ▶ 施工 ※2 ▶ 検査

第8章　建設業界を支える最新技術

※1　設計・解析

写真提供：沼田土建

タブレットに表示される現状地形図と設計地形図を見ながら、オペレーターが機械を操作するシステムをマシンガイダンスという。
一方、自動制御で機械が自動的に施工するシステムをマシンコントロールという。

※2　施工

写真提供：中部土木

認しながら掘削、盛土、転圧作業を行います。

　タブレット端末には、現状地形図と設計地形線の両方が表示されます。その線に沿って自動的に機械が動くものを「マシンコントロール」（P.182）、その線に沿ってオペレーターが手動で機械を操作することを「マシンガイダンス」といいます。これにより、測量作業の大幅な効率化が行われます。また、土工事における丁張りが不要になり、オペレーターが経験不十分であっても土工ができるというメリットがあります。

丁張り
主として土工事をする際に切土、盛土位置や、建設する構造物の位置を示すために設置する基準となる工作物。

181

土木業界の技術②

Chapter8 02

舗装、地盤改良にも利用されるICT

建設業では、ICTを活用した施工が進んでいます。8-01で述べたICT土工に加えて、ICT舗装、ICT地盤改良の取り組みが開始されています。ここでは、ICT舗装とICT地盤改良について解説します。

舗装に関する測量から検査までICT活用

マシンコントロール
設計値と実測値をもとにして機械を自動制御し施工を行う技術。マシンガイダンス（MG）は設計値をタブレット画面で見ながら手動で操作する。

2016年度から始まったICT土工に続き、マシンコントロール（MC）を搭載した重機や地上型レーザースキャナを用いたICT舗装が2017年度から始まっています。

ICT舗装の流れは、まず事前測量を行います。ドローン測量、3Dレーザースキャナ（P.186）などを用いて、舗装される地盤面の面的な3次元測量を行うことで、短時間のうちに高密度な測量結果を得ることができます。従来は、一定の間隔で手作業で計測していました。

次に設計・施工計画を立てます。事前測量の結果をもとにして、3次元設計データを作ります。このデータと事前測量結果の差分から、施工量を自動的に算出することができます。

モータグレーダ
整地に使用される建設機械。舗装や除雪に使用する。

次にICT建設機械を用いた舗装を施工します。モータグレーダ、ブルドーザをMC（マシンコントロール）化した機械が使用されます。3次元設計データをもとに、ICT建設機械を自動制御して施工されます。

施工完了後に検査を実施します。従来は人手を用いて、舗装の厚さや幅員などを測定していましたが、ICT舗装では3Dレーザースキャナなどを用いて検査を行い、設計データどおりに工事が施工されたか自動的にデータ化されるので、書類作成作業が大幅に効率化されます。

地盤改良もICTで省力化

浅層と中層の混合処理
浅層とは深さ3m以内の浅い層、中層は10m以内。それらの地層にセメントなどを混ぜて地盤を改良すること。

ICT地盤改良（浅層と中層の混合処理）では、地盤改良機の施工履歴データを施工と施工管理に活用し、効率化を図ることを目標に置いています。

▶ ICT舗装の流れ

3Dレーザースキャナなどで事前測量

↓

3次元測量データによる
設計・施工計画

↓

ICTグレーダなどによる施工

↓

検査の省力化

▶ ICT地盤改良の流れ

ICT活用による設計・施工計画

↓

ICTを活用した
施工範囲目印設置の省略

↓

ICT建機による施工・
出来高・出来形計測の効率化

↓

検査の省力化

第8章 建設業界を支える最新技術

ICT舗装

写真提供：中部土木

　ICT地盤改良の流れは、まず設計・施工計画を立てます。通常の施工で用いられる2次元設計データをもとにして、==3次元の設計データを作成==します。

　測量においては、ICTを活用することで、==施工範囲などの測量や、工区割りの目印設置を省略する==ことができます。施工にあたってはICT建設機械を活用し、==衛星測位==により施工位置が自動で誘導されるので、従来のような目印は必要ありません。ICT建機の施工履歴データ、GPSデータにより、==出来高・出来形計測==を効率的に管理できます。

　検査にあたっては、施工履歴がデータ化されていることで帳票を自動作成することができるなど、==実測作業を省略でき==、書類作成の業務が大幅に効率化できます。

工区割り
工事区域を分割して施工すること。

衛星測位
複数の人工衛星からの信号を受信して位置を計測すること。

出来高・出来形計測
施工実績数量のことをいう。地盤改良でいうと、改良し終えた地盤体積のことを指す。

183

Chapter8

03

3次元化①

UAV（ドローン）を用いた測量の普及

建設工事の生産性向上を目的として、建設作業を機械化、自動化するには、測量データの3次元化が必要です。ここでは、測量データを3次元化するために、UAV（ドローン）を用いた測量について解説します。

UAV（ドローン）を用いた測量の手順

UAV（ドローン）にカメラを搭載し写真測量することで、広範囲の測量を短時間で実施することが可能となります。これは、工事が始まる前に行う起工測量、月次の出来高を計測するための出来形測量（→P.183）に活用できるとともに、災害時の現況調査において、土砂崩れ現場や河川氾濫現場でも安全かつ迅速に測量することが可能となります。

UAV写真測量には大きく2つの手順があります。まず、ドローンなどのUAVに搭載されたデジタルカメラで、連続写真を撮ります。次に撮影した写真をSfM（Structure from Motion）ソフトに読み込み、解析します。

撮影した画像を解析することにより、地図やオルソ画像データなどを作成します。

UAV測量の特徴

写真測量は航空機からUAVへと移行する流れになりつつあり、国土地理院が「UAVを用いた公共測量マニュアル」を公表しています。ドローンは低空を飛ぶことができるので、写真の精度が高く、高解像度の地形データを採取することができます。

UAV写真測量は地形現況測量に用いられます。道路や水路などを新設・改良するためには、まず、調査・計画・実施設計に用いられる基礎資料を作成する必要があり、そのために路線測量を実施します。また、河川や海岸などの調査、維持管理などにも測量が必要ですが、河川の場合は、人が立ち入れない場面も多いため、UAV測量が適しています。

次に検査測量です。施工が設計どおりに行われたかどうかを検

UAV
無人航空機Unmanned Aerial Vehicle。人が搭乗しない航空機。

起工測量
工事を始める前に、現場の形状を把握し、設計図と実際の現場との差異を確認するための測量。

SfM
撮影した複数枚の写真から対象の形状を復元する技術。同じ地点を重ね合わせて撮影する必要がある。UAV搭載のカメラで撮影する場合、自動的にシャッターを切る設定をして撮影漏れがないようにしている。

オルソ画像
航空写真上の像の位置ズレを修正し地図と同じように、真上から見たような正しい位置に表示される画像に変換したもの。工事現場全体を撮影した航空写真も同様の処理をしている。

▶ ドローンによる測量

連続して写真を撮影することで、地盤を3Dで測量することが可能。ただし、物体の陰は測量ができない。

出典：CSS技術開発

ドローンの操作

写真提供：飛州コンサルタント

査するために、UAV測量を行います。

　従来は**トータルステーション**などを使って測量し、そこから2次元の平面図や設計図などを作成して工事を進めていました。これが現場の施工管理技術者の業務量を増やす原因となっていましたが、UAV測量を行い、3次元データを活用することにより、業務の効率化を図ることができます。

　ただし、土地の境界を明確にするための境界確定測量においては、極めて精度が要求される測量のため、現状UAV測量では困難です。また、森林の場合は、木にさえぎられて地面を測量することはできません。橋梁や高架の下も同様で、上空から見て陰になる部分は写真で測量することはできません。こうした場合には、3Dレーザースキャナを用いた測量が適しています（**8-04**参照）。

第8章　建設業界を支える最新技術

UAVを用いた公共測量マニュアル
公共測量におけるUAVによる空中写真を用いた数値地形図作成および3次元点群作成について、その標準的な作業方法などを定めている。

トータルステーション
距離を測る光波測距儀と、角度を測るトランシット（セオドライト）とを組み合わせたもの。近年、自動的にターゲットを追尾して距離や角度を計測する測量器械が活用されている。

Chapter8 04

3次元化②

3Dレーザースキャナを用いた測量の普及

3次元測量の手法の一つに3Dレーザースキャナがあります。これはUAV測量（8-03）の欠点を補うもので、有効な3D測量を実施することが可能です。ここでは、3Dレーザースキャナについて解説します。

3Dレーザースキャナとは

3Dレーザースキャナ

スキャナから照射されたレーザーによって、対象物の3D情報を取得する計測器械。対象物にレーザーを照射しレーザーが返ってくるまでの時間を測定し距離に換算する。

遺構内

遺跡を壊す工事の前に、遺構や遺物がどのように埋まっていたのかを調べ、その様子を図面や写真に記録するための発掘調査を行う。

モービルマッピングシステム

さまざまな角度から、中央の立方体をスキャンすることで、立方体を3Dで測量することができる。

道路台帳

道路の位置、数量を図面に示したもの。道路の維持管理のために必要となる。

　3Dレーザースキャナとは、レーザー光を対象物に当て、戻ってきたレーザー光の時間のずれにより距離を確定する測量機械です。

　これを用いることで、短時間で現地の状況を立体的に観測することが可能となります。また、暗い場所でも利用できるため、トンネル内や遺構内、夜間でも測量をすることができます。草や木が生えていたり障害物がある箇所であっても、その点を消去することで地形測量をします。

　さらに、自然災害後に立ち入ることが危険な地域でも、迅速に地形測量をすることができ、復旧工事を早急に実施することも可能です。

モービルマッピングシステム（MMS）とは

　3Dレーザースキャナを車に搭載し計測することで3次元測量を行うシステムのことを、**モービルマッピングシステム**といいます。自動車を走行しながら道路周辺の地形や構造物を高精度で取得することが可能です。

　走りながら計測することで、短時間に広範囲の計測が可能となっています。精度面では、道路面と道路周囲7m以内を絶対精度10cm以内、相対精度1cm以内で計測することができます。また、時速20kmから80kmの計測が可能で、高速道路で走行してもデータの精度は低下しません。

　得られたデータを利用して、道路平面図を作成したり、道路台帳を作成することが短期間で可能になります。道路面のゆがみやくぼみ、平坦性の計測も行い、道路管理に役立てます。

▶ 3Dレーザースキャナによる計測

写真提供：沼田土建

写真提供：沼田土建

▶ 3Dレーザースキャナを車載したモービルマッピングシステム

移動しながら計測することで、短時間・高効率・広範囲での3次元空間情報の取得が可能になった。

写真提供：岩崎

▶ モービルマッピングシステムの計測イメージと計測データ

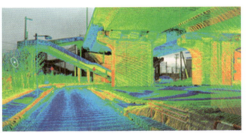

写真提供：岩崎

　次に3次元データを活用します。モービルマッピングシステムにより得られた3次元情報を用いて、トンネル全体の形状の検査が可能になります。道路わきの崩落調査など災害状況の調査に役立ち、雪道の調査では積雪量の把握も可能となります。電柱や電線、マンホールの調査、工場内の施設位置の把握に使われるほか、車両移動のシミュレーションに用いることも可能になります。

第8章　建設業界を支える最新技術

Chapter8 05

3次元化③

3Dプリンターで構造物を3次元化

建設物は、基本的に現場で造ります。一方、建物の基本となる部材を工場生産しておき、それを現場に運んで据え付けるプレキャストという方法もあります。

プレキャスト
工場で型枠、鉄筋を組み、コンクリートを流し込むことで構造物を造ることをプレキャストコンクリートという。一方、現場でコンクリート構造物を造ることを「現場打ちコンクリート」という。

3Dプリンター
3D CAD、3D CGデータをもとに、簡易に3D形状の模型を作ることができる。通常「プリンター」というと2次元だが、3次元で作ることができることに特徴がある。製造業では試作品を作る際に活用されている。

環境にやさしい技術
環境に与えるマイナスの影響を環境負荷という。環境負荷を与える原因のことは環境側面という。

ハイブリッド
組み合わせることで高い効果を得ること。ガソリンと電気を組み合わせたハイブリッド車が有名。2つの種を組み合わせて新しい種の生物を作り出すこともハイブリッドという。

3Dプリンターの活用

3Dプリンターとはコンピューターで描いた図形を、3次元的に表現する機械です。よく用いられるプリンターは2次元で平面的ですが、この機械により立体的にアウトプットすることができるというものです。

3Dプリンターは、材料を下層から順次積み上げて成形して3次元化します。材料として、樹脂（プラスチック）、コンクリート、木材、セラミックスが多く用いられています。

3Dプリンターを用いた建築

3Dプリンターのメリットはまず労務費の低減です。型枠を組む、コンクリートを打設するという工程がなくなるため、現場人件費を低く抑えられます。基礎工事、型枠工事、鉄筋工事など積み重ねの施工が必要ないため、工期を短縮することができます。複雑な形状に対応することができる点もメリットです。コンピューターで作成した図面をもとにして3Dプリンターを用いれば、どのような形状であってもそれを再現することができます。

また、3Dプリンターは環境にやさしい技術でもあります。通常、建設工事に伴って残材や廃棄物が発生するものですが、3Dプリンターでは廃棄物がありません。

一方、デメリットがあります。それは耐久性です。地震に対する耐力を持たせるためには、かなり大規模な建築物にしなくてはなりません。さらに、すべてコンクリートでできてしまうため、住み心地という観点でも課題があります。

今後は、3Dプリンターと木材を組み合わせたハイブリッド形式での建設が必要となってくるでしょう。

188

3Dプリンターのメリットとデメリット

メリット	デメリット
● 人件費の削減 ● 工期の短縮 ● 複雑な形状に対応 ● ごみを出さない	● 耐震性能への不安 ● 住み心地への不安

3Dプリンターによる建築

写真提供：大成建設

写真提供：大林組

写真提供：大成建設

写真提供：大林組

Chapter8
06

3次元化④

BIM、CIMデータによる見える化

BIM (Building Information Modeling)、CIM (Construction Information Modeling) が建設業界で活用されています。ここでは、3次元の設計であるBIM、CIMについて解説しましょう。

建築分野の見える化、BIM

建設業では、これまでCADといわれる製図ソフトで設計図が製作されていました。しかし、BIMでは従来のCADやCGパースなどで作られた3次元モデルデータとは異なる機能が追加されています。

BIMの最大の特徴は、意匠上のモデルだけでなく建物を構成する材料や設備機器などの製品情報、位置情報、数量情報、価格情報などさまざまな情報を、設計図や3次元モデルとリンクさせてデータベース化し、情報を一元的に管理していることです。これにより、意匠、構造、設備などの仕様の可視化、建設物使用状況のシミュレーション、そして実際の工事現場に即した施工計画を立てることが可能となります。

建物を立体的、ビジュアル的に俯瞰することができるので、設計者と発注者の間のイメージの食い違いを事前に防ぎ、また、施工現場でのトラブルや手戻り（前工程からやり直すこと）の発生を抑制することができます。

土木分野の見える化、CIM

BIMが建築分野なのに対して、CIMは2012年に国土交通省によって提言された土木分野の効率化を目的とした取り組みです。日本独自の呼称で、海外では大抵まとめてBIMと呼ばれています。建設情報を3次元モデルにして、計画、設計、施工、維持管理に関与する関係者間で情報を一元化して共有します。そのことで、業務や工事を効率化し、品質の高度化を図ります。

その結果として、公共事業の安全、品質確保、環境性能の向上、トータルコストの縮減が達成されることを目指しています。

パース
建物の外観や室内を立体的な絵にして表したもののこと。以前は手書きで作成されていたが、CG（コンピューターグラフィック）で作成することで、BIMにて活用できる。

意匠
建物の外観や内観のデザインのこと。

190

▶ BIMとCIMの特徴

測量・調査

作成データ	得られる効果
● 地形モデル ● 地質・土質モデル ● 属性情報（位置、環境調査結果） ● 地盤情報（地質区分、地下水位、N値など）	● シミュレーションへの活用（防災対策など）

設計

作成データ	得られる効果
● 構造物モデル ● 属性情報（位置、材質、設計基準強度、設備、構造計算結果など）	● 数量の自動計算による積算の効率化 ● 干渉チェックなどによる設計品質の確保 ● 施工や維持管理の事前検討

施工

作成データ	得られる効果
● 施工中のデータをモデルに反映 ● 属性情報（資材の品質データ、発生土、搬入土の履歴、施工時の機械履歴データ、施工写真など）	● 最適な施工計画、安全対策の立案 ● 出来形管理の効率化 ● 新技術活用の促進

維持管理

作成データ	得られる効果
● 3次元点群データによる管理モデル ● 属性情報（巡回・点検情報、常時監視状況など）	● 常時監視化によりマネジメント経費の削減 ● 災害復旧活動の迅速化

出典：国土交通省「国土交通省におけるi-ConstructionとBIM／CIMの取組について」

● BIMとCIMの違い

　BIMとCIMの間には特徴の違いがあります。BIMを用いる建築分野は整然と区画された土地の上に建設しますが、CIMを用いる土木分野は、複雑な地形、自然条件を相手に工事を進めることが多いため、土質条件や地形などの把握において不確定要素が多いことが特徴です。

　また、CIMを用いる土木分野では、地権者、土地所有者、発注者、近隣住民、地元自治体、設計者、施工者など関係者が多いことも特徴です。この場合、CIMを用いた情報の一元化、共有化が力を発揮します。

　建築分野は公共部門の割合が相対的に低く、政府のBIMへの関与は限定的ですが、CIMを用いる土木分野は公共事業が主体です。そのため、政府の関わりが強いことが特徴で、政策の意向が強く働きます。

N値（図中）
地層の硬さを表す値。

公共事業
国や地方自治体などが発注先を決める公共工事のこと。財源は国民の税金である。

第8章　建設業界を支える最新技術

Chapter8
07

情報共有

AIの推進による情報の共有化

建設業でもAIを活用する動きが活発になってきています。ここでは、AIを活用することで建設業の業務を効率化する手法について解説します。

AI活用の始まり

AI（人工知能）が各所で活用されています。建設業ではまだ十分に活用しているとはいえませんが、現場情報を多数認識させることで現状分析や予測分析に用いることができます。特に建設業は一品現地生産ですから、過去の多くの情報を用いて、当該現場に最適な施工方法や工程を導き出してくれると、有用なツールになり得ます。

建設業界でAIができること

建設業界では次のような場面でAIの活用が期待されています。

【画像認識】

作業員が行う作業そのものを画像認識させて作業の効率性を高めたり、不安全行動を発見することが可能です。また現場の進捗状況を画像認識させることで品質上、工程上の課題を抽出し、工事品質の向上や工期短縮が可能となります。さらにはトンネル切羽を画像認識させて、岩盤の種類を判定させるという従来では熟練者でしかできなかったことを、AIを活用して実施することができます。

また既設構造物のひび割れを画像認識させると、劣化診断をすることが可能です。そのことで足場を作ることなく、診断業務を実施することが可能になります。

【音認識】

構造物を叩いたときの打音を解析し、コンクリートの診断に用いることができます、また、漏水音を解析して、漏水箇所や漏水状況を認識させることができます。

AI

人工知能Artificial Intelligence。言語の理解、問題解決などの知的な行動を人間に代わってコンピューターに行わせること。建設業におけるAIの活用は今後ますます進むと考えられている。

画像認識

コンクリート構造物の表面をカメラで撮影し、AIを利用した画像解析を行うことでコンクリート表面のひび割れと幅、長さを自動検出する。数多くのひび割れデータを事前に入力することで可能となる。トンネル内のひび割れ解析などは、車両通行止めをせず実施できる。

打音を解析

構造物のコンクリート表面などを点検する際、ハンマーによる打音の違いにより、異常箇所と異常の度合いを自動検知する技術。非熟練者でも見落としなく点検作業が行える。

▶ AIを活用した建設業

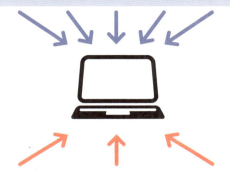

現場などでさまざまなデータを収集する

音の解析
- 打音解析
  - コンクリート診断をする
- 漏水音解析
  - 箇所や状況を知る

画像の認識
- 作業を画像認識
  - 効率性を高める
  - 不安全な行動を発見する
- 現場を画像認識
  - 品質上、工程上の課題を抽出し品質の向上や工期短縮につなげる
- トンネル切羽を画像認識
  - 岩盤の種類を判定する
- 建造物のひび割れを画像認識
  - 劣化診断をする

営業支援
- 過去データを分析
  - 顧客に合った提案をする
- 声を分析
  - 顧客の要望や感情を分析する

これらを活用して、効率性や安全性を高め、人ができることに力を注げるようになる。

第8章 建設業界を支える最新技術

【営業支援】

例えば、過去の顧客の好みを分析することで、顧客に合うようなデザインや仕様を提案することができるようになります。また、近い将来には電話から聞こえる相手の言葉から、相手の気持ちや要望、欲求を察して迅速に的確に対応することができるようになるでしょう。

漏水音を解析
水道管の漏水箇所を学習型異音解析により検出する技術。熟練工による検査時間を短縮することができる。

Chapter8
08

生産性向上①

ARを活用した建設現場の自動化

ARは「Augmented Reality」の略で、日本語では「拡張現実」と訳されます。VR（バーチャル・リアリティ）が別の仮想空間を作り出すのに対して、ARは現実世界をCGなどで作りデジタル情報で加工するものです。

企画・設計段階のAR

景観をシミュレーションする際にARを用います。建設物と周囲との調和、関係者間での完成イメージの統一・共有が可能です。事業をスムーズに進めることができ、また完成後のクレームを減らすこともできます。

例えば、建設物や仮囲いの外観はもちろん、内観を事前に発注者が確認できます。また耐震改修工事であれば、補強部材がどのように空間を占有するのかを確認することもできます。さらに、商業施設の改修工事の場合、工事中の状況や、改修する店舗を含めた周辺店舗の営業に及ぼす影響を予測することが可能となります。

施工・保守段階のAR

ARを用いることで建設工事現場の業務効率の改善や安全性の向上を実現することができます。まず「埋設物可視化システム」について説明しましょう。これは、地中の埋設物が記載された図面の位置情報をあらかじめ登録しておき、GNSSなどで自分の位置を認識して埋設物をタブレット上に可視化するシステムです。これにより、重機のオペレーターや作業員が掘削前に埋設物の位置を簡単に確認し共有することができるため、埋設物を傷めるリスクを減らすことができます。

「AR・表面仕上げ管理システム」というものもあります。コンクリート打設後に天端（建物の頂部）を左官仕上げする際、ARを用いて施工中の天端のコンター（等高線）を現地に表示することができるシステムです。天端均し作業者は、その画像を見てどこが何mm高く、どこが何mm低いかを把握しながら施工することで、天端の均し精度の向上さらには測量の手間削減を図れます。

耐震改修工事
地震で建物が倒壊するのを防ぐための工事。

GNSS
全世界測位システム。人工衛星を使って位置情報を正確に割り出す技術。

天端
建設物の頂部、頂点を意味する用語。同じような言葉に、上端（うわば。上の端）、下端（したば。下の端）がある。

左官仕上げ
左官職人が鏝（こて）を使って仕上げること。鏝には木鏝と金鏝がある。

天端均し
天端を平らに左官仕上げすること。

▶ 埋設物可視化システム

写真提供：清水建設

▶ AR・表面仕上げ管理システム

タブレット端末上で実際の仕上げ面にコンター図を重ねて表示

写真提供：三井住友建設

第8章 建設業界を支える最新技術

Chapter8
09

生産性向上②

コンクリート規格の 標準化の取り組み

土工とコンクリート工は直轄工事における全技能者の約4割を占めます。そのため、建設業全体の生産性向上の取り組みの中でも最重要課題といえます。ここでは、コンクリート工の生産性向上の取り組みを解説します。

代表工種の生産性の現状

トンネル工事はシールド工法の導入などにより、約50年間で生産性が最大10倍に向上しました。一方、土工（P.180）やコンクリート工の生産性は横ばいであり、改善の余地が残っています。土工に関しては、ICT土工の推進による生産性向上（8-01、8-02参照）、コンクリート工に関しては、規格化を推進することで生産性向上を目指しています。現場ごとにサイズや工法がばらばらでは、手間が増え、原価も高くなり、作業が非効率になります。規格を標準化することにより、業務の効率化を図ることを目的としています。

生産性向上に向けた取り組み

設計、発注、材料の調達、加工、組み立てなどの一連の生産工程や維持管理を含めたプロセス全体を最適化して、サプライチェーンを効率化し、生産性向上を目指します。また、部材の規格・サイズなどを標準化することにより、製品のプレキャスト化を図ってコスト削減や生産性の向上を目指します。

プレキャスト化とは、鉄筋をプレハブ化して配筋・結束作業を工場で行ったり、道路部材やコンクリート橋のコンクリート部材をあらかじめ工場で製造してから現場に搬入することです。これによって、現場作業を削減して作業の効率化を図ることができ、原価を低減させる効果があります。

また、型枠を丘組（現場近くのヤードで構築すること）し、その後、クレーンなどで型枠を設置していくことで、現場作業の効率化を図ることができます。

さらに、埋設型枠やプレハブ鉄筋を活用して、現場作業の一部

直轄工事（リード文中）
国が行う工事のこと。

コンクリート工
型枠工、鉄筋工、コンクリート打設工などコンクリート施工に関する一連の工事。

サプライチェーン
製品の原材料・部品の調達から、製造、在庫管理、配送、販売、消費までの一連の流れ。

プレキャスト化
あらかじめ工場でコンクリート部材を製造する。その後、現地に製品を運搬して据え付ける工法。

丘組
コンクリート構造物を設置する場所ではない所（丘）で、型枠や鉄筋材料を組み立てること。地面で組むので地組（ぢぐみ）ともいう。

ハーフプレキャスト工法

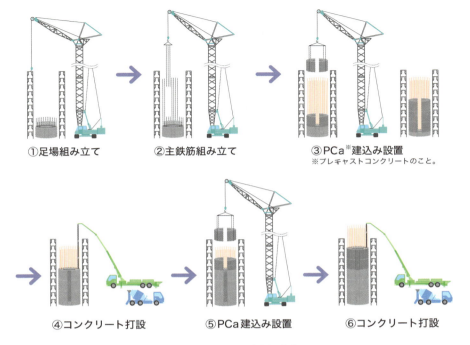

出典:国土交通省「コンクリートの規格の標準化等の取組について」をもとに作成

を工場作業化するハーフプレキャスト工法が開発されています。ほかにも、コンクリート施工の効率化を図る技術・工法の導入が盛んになっています。高流動コンクリートを用いて、充填をむらなく行うことで、締固め作業が削減され、その結果として労働者数を減少させることができます。また、鉄筋の接合方法を改変したり、機械化したりするなど、コンクリート施工を効率化するための技術や工法も活用されています。

こうした技術にi-Construction（P.180）を積極的に活用することで、コンクリート工の生産性が上がり、工事日数の削減につながることで、休日の増加も実現することになります。

締固め
コンクリートが隙間なく密に行きわたるようにすること。振動させたり打ち込んだりする。

Chapter8

10

安全性

耐震、制震、免震技術で地震から命を守る

日本は地震大国です。建築物を建てる際、地震に対する構造上の備えは欠かせません。ここでは、地震対策として、耐震、制震、免震技術を紹介しましょう。

本体の強度を高める耐震構造

耐震構造とは、構造体そのものの強度を高める構造です。いわば堅くて強い建物です。

耐震工法のメリットは、コストが最も安いことです。

一方で、堅いがゆえに地震の揺れを人が直接感じます。そのため、建物内の家具などが損傷しやすくなります。また建物の定期的メンテナンスが必要です。

揺れを抑制する制震構造

制震構造とは、柱と梁（はり）の間に地震や風などの揺れを吸収・減衰する装置を入れ、揺れを抑制する構造です。

制震工法のメリットは、地震後のメンテナンスが不要なことです。一方、制震工法では、制震装置を据え付ける必要があるため狭い土地には不向きです。

揺れを伝わりにくくする免震構造

免震構造とは、建物と地盤との間に免震装置を設置する構造です。免震装置が変形して地震の揺れを吸収し、建物に揺れが直接伝わらないようにしています。

免震工法のメリットは、免震装置が揺れを吸収してくれるので建物は動きますが、建物内部がほとんど揺れず家具も動きません。

一方、免震工法のデメリットは建物全体が動くため、ビルなら1m、住宅であれば50cm程度、周囲に空間がないといけません。またコストは最も高くなります。免震装置はメンテナンスが必要ですが、建物はさほどメンテナンスの必要がありません。

耐震構造
建築物の構造設計は、水平荷重と鉛直荷重に対して行う。通常、重力の影響で、荷重は下方向（鉛直方向）に作用するので、水平荷重は、「通常時でない力」である。水平荷重の種類には、地震力や風圧力がある。これら水平荷重に抵抗するために設置されるのが、耐力壁である。耐震壁ともいう。

制震装置
建物内部におもりやダンパーを組み込むことで、地震の揺れを吸収する装置。

免震装置
建設物の基礎に設置し、地震の揺れが建設物に直接伝わらないようにする装置。アイソレータ（積層ゴム）、ダンパー（オイルダンパー／鋼材ダンパー／鉛ダンパー）の方式がある。

198

▶ どの工法が効果的か

構造	コスト	メンテナンス	揺れ
耐震	◎ 安い	△ 必要	△ 大
制震	○	◎ 不要	○ 中
免震	△ 高い	○	◎ 小

いずれの工法もメリット、デメリットがあるため、用途、コスト、地盤条件を考慮して、選定することが必要。

▶ 各工法のしくみ

耐震構造
振動に耐える

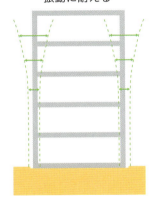

制震構造
振動を吸収する

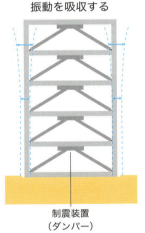

制震装置
（ダンパー）

免震構造
振動を減らす

免震装置
（アイソレータ、ダンパー）

多くの建物は耐震構造で造られています。しかし、高い建物だと耐震構造では高層階の揺れが大きくなり危険なため、免震構造とします。免震構造は制震構造よりさらに揺れが小さくなるため、施工実績が増えています。ただし、建物と地盤が離れているため、台風や津波に弱いことには留意が必要です。

COLUMN 8

「毎日が達成感」リスクを
吹き飛ばした東京スカイツリー®

　世界一のタワー、その高さ634m を誇る東京スカイツリーに多くの人が興味を持ったのは「未知への挑戦」が理由です。日本ではこれまで200mクラスのビルを建てた経験がありましたが、600mを超える建築物は前例がありませんでした。例えば600m上空の気象条件はどのようなのか、台風や地震の影響がどの程度あるのかは未知の世界です。実際に600m上空にて工事を担当した技術者は、次のように語ってくれました。

　「地上は穏やかな天候のときでも、600m上空はまるで八甲田山のようだった」

　さらに困ったことは、上空の気候とそれが工事へ及ぼす影響がわからなかったことです。気象庁は上空の天気予報を行っていません。特に高度200〜300mから1kmくらいの間は、どのような風が吹くのかわからないのです。そこで、設計段階で風船を飛ばし、上空の気候を調査しました。そしてさらに、施工段階でレーダーを飛ばし300m、400m、500m、600mの風速、湿度を計測

しました。リスクに打ち勝つには、まずはどんなハザードがあるかを調べ、その結果を分析するしかないのです。

　東京スカイツリーは634mの自立式電波塔ですが、てっぺんの精度はわずか±2cmです。てっぺんでの精度を上げようとすれば、結局は毎回鉄骨を積み上げるときの精度を上げないといけません。つまり634m上空で±2cmであるというより、毎日毎日の作業で±2cm、いやそれ以上の精度で建設し続けないといけません。工事を担当した技術者は言いました。

　「634mに到達した瞬間に感動したかと言われるとそうでもなかった。それよりも毎日毎日、苦労に苦労を重ねて精度を確保したときこそが達成感にあふれていた」

　さまざまなリスクを乗り越えて、東京スカイツリーは人々に感動を与えながら完成したのです。

第9章

建設業界の展望

いよいよ最終章です。ここでは今後の業界の在り方や
海外展開などのトピックを取り上げて解説していきま
す。

Chapter9
01

技術と役割①

リニア中央新幹線は
最新技術の粋を集める

リニア中央新幹線は、東京〜大阪までを超電導リニアによって結ぶ新幹線です。ここでは、最新の建設技術を発揮しながら建設を進めている、リニア中央新幹線工事の概要を解説しましょう。

リニア中央新幹線のトンネル工事

超電導リニア
車両の超伝導磁石と地上のコイルの間の磁力で浮き上がって前に進む方式。従来、連続式で進む輸送手段は「鉄道」と呼ばれていたが、鉄の道はないため、超電導リニアは列車であるが鉄道ではない。

リニア中央新幹線は、品川から名古屋付近、さらに奈良付近を経由して、大阪までの438kmを結ぶ新幹線で、超電導リニアを用いて駆動します。これは、磁石の引き合う力、反発し合う力を用いて車両を前進させるもので、最新の技術が使われますが、工事の最難関はトンネル工事にあります。

品川〜名古屋間の約285kmのうち、88％の約250kmがトンネルです。その多くが南アルプスの下をトンネルで掘り進むと考える人が多いでしょう。しかし、実際には品川、名古屋近くの都市部の地下を抜けるトンネルが最も長いのです。

地下を抜けるトンネル
2001年に施行された「大深度地下の公共的使用に関する特別措置法」で、通常利用されることのない深度の地下空間を公共の用に利用できることになった。そのため大深度地下では、補償費が発生しない。

都市トンネルは、品川駅から神奈川県駅（仮称）までの第一首都圏隧道（36.924km）、岐阜県可児市から名古屋駅までの第一中京圏隧道（34.210km）でこの2つのトンネルがトンネル長の1、2位です。

南アルプスをぶち抜くトンネルは、山梨県南巨摩郡早川町から長野県下伊那郡大鹿村までの南アルプス隧道（25.019km）です。長野県飯田市から岐阜県中津川市までは中央アルプス隧道（23.288km）で、これらが3、4位の長さのトンネルです。

都市部はシールド工法で掘削

立坑
垂直に掘り下げたトンネルをいう。ちなみに横に掘り進むトンネルを横坑、斜めに掘り進むトンネルを斜坑という。

都市部のトンネルは、シールド工法によって掘削します。シールド工法とは、筒状のシールドマシンが回転しながら掘り進める工法です（3-07参照）。まず、シールドマシンの発進基地となる立坑を掘削します。立坑は、地中連続壁工法とニューマチックケーソン工法（P.120）によって建設されます。そこから、シールドマシンを搬入、組み立てし、水平方向に掘削します。立坑は将来、

202

▶ リニア中央新幹線の計画路線

出典：リニア中央新幹線ホームページをもとに作成

非常口として使用します。

山岳部はNATM（ナトム）工法で掘削

　山岳部のトンネルは、NATM工法（P.69）により掘削します。東海道新幹線は在来工法と呼ばれる鋼材と木材で岩盤が崩れないようにする工法を用いていましたが、現在はNATM工法が主流です。これは、掘削表面にコンクリートを吹き付け、ロックボルトによって崩れないように固める工法です。

　なお静岡工区では、工事で生じたトンネルの湧水を大井川へ流す導水路トンネルを設置します。大井川の水資源への影響を抑えながら、トンネル工事を行う計画です。

Chapter9
02

技術と役割②

海外工事ならではのリスクとは

日本の建設会社による海外工事が増加傾向にあります。しかし海外での建設工事には日本にないリスクがあります。ここでは、海外工事におけるリスクについて解説します。

海外建設事業に伴うリスク

日本の社会インフラは、その多くはすでに造ってしまっているので、建設業の役割は今後ますます海外に向かっていくことでしょう。事前にリスクを確認し、予防した上で工事に臨むことが重要です。

まず為替の変動によるリスクがあります。為替レートが変動すると日本円換算の工事金額が大きく変動してしまいます。プラス側に変動すればよいですが、マイナス側に変動すると大きな赤字工事になってしまいます。

次は、カントリーリスクです。政情不安であったり、戦争や暴動が起きたりすると、工事を進められなくなります。

また、海外諸国では、日本と異なる法規制や商慣行があることがあります。それを知らずに取引をすると、思わぬことが起きてしまい、工期を守れなかったり、予想外に工事費がかさむことがあります。さらには、追加工事について、契約の見解違いなどの理由で必要な金額を受け取れないことがあります。

海外で工事をする場合、日本の専門工事会社と一緒に渡航する場合がありますが、その多くは現地の建設会社に施工を委託することが多いです。その際、その会社の施工能力が不足していると品質上の問題になります。そもそも日本の建設会社が海外にて工事をする場合、大規模工事であることが多いですが、その国では大規模工事を施工した経験が少ないため、問題が起きるのです。

海外進出成功のポイント

海外建設事業で成功するポイントについて説明しましょう。

まず、自社の強みを生かした技術で施工することが必要です。

問題
日本では建設会社の施工能力を判断するために「経営事項審査」が実施、公開されており、施工リスクを最小限としている。海外において、同様の制度がある場合は、活用することが望ましい。

自社の強み
通常のトンネル、ダム、ビルディング工事などは、諸外国でも技術が高まり自国施工ができるようになってきている。地震が多い地域での耐震技術、発電所、新幹線などの固有技術を生かして、海外進出を成功させたい。

海外の建設市場の拡大

エリア	東南アジア、北米	→	・東南アジアおよび北米は引き続き最重要マーケットと位置付ける ・今後はアフリカや中東、南アジア、オセアニアなどの新たな市場への拡大も推進する
資金源・発注者	ODA、日系企業	→	・日系民間企業発注工事中心から、現地民間企業の発注工事が大幅に拡大している ・アジア開発銀行、世界銀行などの融資を活用した工事の受注や、現地政府・現地民間企業が発注する工事の受注の拡大が期待される
分野	請負工事	→	・案件の大半は請負工事の形態である ・プロジェクト・マネジメントやコンストラクション・マネジメント（→P.130）、パブリック・プライベート・パートナーシップ・プロジェクト（→P.207）、面的開発※などビジネスモデルを多様化する取り組みも行う

※面的開発とは、1プロジェクトのみならず、広い範囲の開発を進めること。
出典：国土交通省「建設企業の海外展開」をもとに作成

海外工事の3つのリスク

他にまねができない技術、工法、特許を有していると、有利に工事を進めることができます。

次に<mark>人材育成</mark>です。社内に海外工事に精通した人材を育成、もしくは採用することが重要です。あらかじめリスクを察し、事前に手を打つことができる人材を育成すればリスクを回避することができます。

そして<mark>現地の実情に合った</mark><mark>事業推進手法</mark>です。現地での工事施工に有利になるような施策を打つ必要があります。例えば、技術指導契約や<mark>ライセンス契約</mark>を事前に締結すること、現地法人を設立することなどです。また日本政府が援助する**ODA**の活用や、日本企業を施主とした工事の施工であればリスクを減らして工事をすることができます。

ライセンス契約
自社の固有技術を特許取得することで、海外において有利に工事施工を進めることができる。

ODA
Official Development Assistance（政府開発援助）。開発途上地域の開発を主目的として政府および政府関係機関による国際協力活動である。日本国政府が関与しているため、カントリーリスクが少ない。

技術と役割③

Chapter9 03

コンセッション方式による
コストダウン

公共施設の運営を民間事業者が行うことで、運営費用のコストダウンを図る方法が増えてきています。その運営団体として、建設会社が関与する例も増えています。ここでは、コンセッション方式について解説しましょう。

コンセッション方式でコストダウン

公共施設の運営を民間事業者に移管する方式をコンセッション方式といいます。そのことで、国民は民間事業者の質の高いサービスを受けることができます。

利便性向上や維持管理に民間のノウハウと資金を活用しようとする制度で、財政の苦しい自治体やインフラ関連企業の事業拡大を目指す建設産業から注目を浴びており、実際に多くの建設会社が参画しています。

土木系の社会資本のうち、最もコンセッション方式が普及しているのは空港です。大阪府の関西空港、宮城県の仙台空港など7空港を民間が運営しています。さらに、他の空港においても事業者の公募や実施方針の策定が進んでいます。

有料道路、下水道、文教施設でもコンセッション方式が採用されており、愛知県道路公社、浜松市の下水道、国立女性教育会館などで実施されています。また、公営住宅は収益型事業、公的不動産利用事業を含め、多数の自治体が事業契約を結んでいます。

コンセッション方式参入のメリット

建設業がコンセッション方式に参入するメリットの一つは、建設事業のノウハウを有することです。建設事業のノウハウを生かすことで、参入した社会資本の維持管理や改修を低コストで効率よく行うことができます。次に、事業運営上のメリットです。今後の工事量は、人口減少を反映して縮小するという見方があります。しかし、コンセッション型運営事業は、一度受託すれば数十年にわたり安定した収益が見込まれます。また、景気変動の影響もそれほど多くありません。

民間事業者
建設業のコンセッション方式先進事例として、愛知県知多半島道路は前田建設工業、仙台空港は東急電鉄など東急グループ5社と前田建設工業、豊田通商、浜松市水道事業はヴェオリア・ジャパン、JFEエンジニアリング、オリックス、東急建設、須山建設、ヴェオリア・ジェネッツに委託されている。

文教施設
スポーツ施設、社会教育施設および文化施設をいう。会議室や図書館などがコンセッション方式で運営される事例があり、多くの場合サービスレベルが向上している。

206

▶ 空港経営を一体化することによるメリット

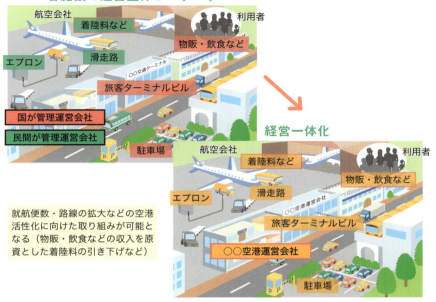

出典：国土交通省「コンセッション推進に向けた取組・施策について」をもとに作成

▶ 下水道工事の官民連携の実施状況

管渠など	包括的民間委託（17件）
水処理・汚泥処理施設	包括的民間委託（約410件）
下水汚泥有効利用施設	PFI・DBO事業（32件）

注：件数は2017年4月時点のもの。
出典：国土交通省「コンセッション推進に向けた取組・施策について」

● 官民連携の手法

PPP（パブリック・プライベート・パートナーシップ）
官民が連携して公共サービスを行う取り組み

PFI（プライベート・ファイナンス・イニシアチブ）	包括的民間委託	DBO（デザイン・ビルト・オペレート）
民間が資金提供・運営を行う	民間が裁量権を持ち、運営を行う	公が資金を提供する

　建設物の建設が**フロービジネス**だとすれば、コンセッション式運営事業は**ストックビジネス**です。売上規模はさほど大きくありませんが、利益を確実に得られるメリットがあります。

フロービジネス／ストックビジネス

フロービジネスとは1回の取引で顧客との関係が終わってしまうビジネス形態で、建設事業は一品生産のためにこれにあたる。ストックビジネスとは、賃貸料収入、サブスクリプションのような継続して収入があるビジネス形態。建設業でもストックビジネスとして、自社で賃貸マンションを建設し、継続的な収入を得るようなビジネスをしている会社もある。

Chapter9
04

技術と役割④

災害から国土を守る建設業

自然災害の多い日本では、災害から国土を守る役割のある建設業の立場は重大です。ここでは、さまざまな自然災害から、どのように国土を守ろうとしているのかについて解説します。

欧米より遅れている治水対策

近年大雨の発生回数が増えています。これは、地球温暖化による影響もあるといわれているように、今後もさらに増える可能性が高くなっています。

一方で、日本の治水対策は欧米諸国に比べて遅れているという現状があります。そのため、予防的な治水対策を進める必要があり、それによる工事量は今後ますます増大するでしょう。

土砂災害への対策

日本は急峻な地形のため、地震、台風、大雨、強風に伴う土石流、地すべり、がけ崩れの災害が多発しています。そのため、砂防施設の整備、法面の強化など建設工事の重要性が高くなっています。

火山・地震への対策

火山国である日本では、火山泥流、火砕流などの被害が発生する恐れが高いです。砂防堰堤や登山者を保護するための保護施設などの建設も、今後進めていく必要があります。

また、地震に伴う津波・高潮を防止するため、海岸堤防の構築・改築工事を進めること、また、地震に伴う建物の倒壊を防止するため、住宅や多数の人が利用する建築物の耐震化率を高めることが必要です。

雪害への対策

大雪により道路が不通になったり、村落が孤立することが発生しています。また、雪崩により人命が失われる災害も発生しています。

土石流

土砂が水と混合して、河川を時速20～40kmで流下する現象。山津波ともいわれている。林業が衰退し、山林が荒れていることも土石流が起きる理由の一つである。

地すべり

斜面の粘土層が降雨により水を含み抵抗力が低下することで起きる。円弧上の形態で滑ることを円弧滑りという。

火山泥流

火山の噴火により噴出した高温の火砕物が、雪や氷河、火口湖の水などと一体になり、土石流のように高速で流下する。似た言葉に火砕流がある。これは高温の火山ガスと多量の火山灰・軽石などの火砕物とが混然一体となって高速度で流動するもの。

全国の1時間降水量50mm以上の年間発生回数（1976〜2019年）

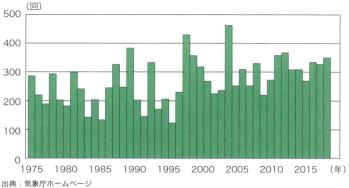

出典：気象庁ホームページ

想定されている大規模地震

西日本全域におよぶ超広域震災
南海トラフ地震
30年以内にM8〜M9クラスの大規模地震が発生する確率：70％程度

老朽木造市街地や文化財の被災が懸念
中部圏・近畿圏直下地震

20mを超える大きな津波
日本海溝・千島海溝周辺海溝型地震
根室沖で30年以内に地震が発生する確率：50％などさまざまなケース

中枢機能の被災が懸念
首都直下地震
南関東域で30年以内にM7クラスの地震が発生する確率：70％程度

相模トラフ沿いの海溝型地震
30年以内に大正関東地震タイプなどM8クラスの地震が発生する確率：0〜2％程度

千島海溝
日本海溝
南海トラフ

海溝型地震
直下型地震

出典：内閣府「日本の災害対策」をもとに作成

　そのため、<mark>道路の除雪作業をタイムリーに行えるようにする</mark>こと、<mark>雪崩防止設備の建設</mark>、さらに積雪情報の共有化により雪害を防止する策がとられています。

業界の未来①

木造で高層ビルをどう建てるのか

高層ビルは鉄骨か鉄筋コンクリートを用いることが一般的ですが、現在木造高層ビルが増えてきています。ここでは、木造高層ビルの現状について解説しましょう。

国産材の増加と木造高層ビル

日本では、火災や戦争にて木造建築物が数多く燃えたため、法律で高層木造建築物が長らく禁止されていました。高層ビルに木材を利用するようになったきっかけは国産材の増加です。戦後植えられた樹木が50年以上経過し、収穫期を迎えています。これら木材の有効利用を進めるために、木材の高層ビルへの使用が考えられてきたのです。

2010年に「公共建築物等における木材利用の促進に関する法律」が成立し、高層の木造建築物の建設が可能となりました。断熱性の高いCLT（クロス・ラミネテッド・ティンバー／直交集成板、直交集成材）の登場が木造高層ビル建設推進の決め手となりました。

高層木造ビルの構造

鉄骨と木材を複合させた「ハイブリッド構造」の高層ビルが建築されています。鉄と木を組み合わせることで、十分な耐震性も確保することができます。木材はコンクリートに比べて軽いため、基礎工事の規模を小さくすることができます。さらにコンクリートのように養生期間が不要のため工期短縮にもつながっています。

林業振興への期待

木材による高層ビル建築が増え、木材の需要が増えれば、林業の振興につながります。そのことで森林の退廃を防ぎ、土砂流出による洪水増加も防ぐことができます。さらには漁獲量の増加を見込むことができます。

これらのメリットを進めるためには今後ますます木造ビル建設を発展させたいものです。

直交集成板
板を並べた後、繊維方向が直交するように積み重ね、接着した木質系材料。強度は大きいが可燃性なことが課題。

木造高層ビル
住友林業が2020年2月、高さ350m、地上70階の木造超高層建築（2041年完成予定）の開発構想を発表した。

基礎工事
構造物の土台となる部分。杭、地盤改良、コンクリート基礎からなる。上部の荷重が小さくなると、杭サイズ、地盤改良の程度、コンクリート基礎のサイズが小さくなる。

養生
コンクリート打ち込み後、固まるまでの間、一定の温度・湿度に保って硬化を促進すること。

日本の森林の状況

森林蓄積の状況

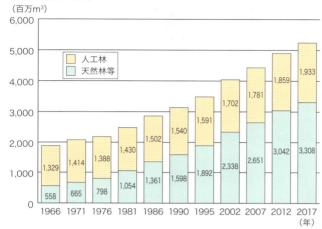

人工林の樹齢構成

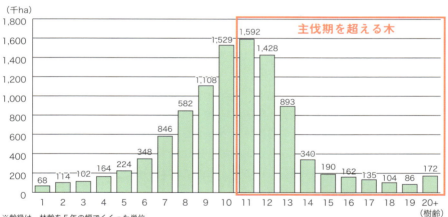

※齢級は、林齢を5年の幅でくくった単位。
出典：林野庁「森林資源の現況」（2017年）

木材利用を進めるための課題

素材、工法の特徴

木材	省CO_2 軽量 可変性
鋼材	高強度 高靭性
RC造	高強度 耐火性能

木材利用への課題

- 4階建て以上の場合、火災が終了するまで持ちこたえることができる技術が必要。
- RC造との組み合わせを実現するため、混構造に関する構造設計法や耐火設計法の整備が必要。

出典：国土技術政策研究所「新しい木質材料を活用した混構造建築物の設計・施工技術の開発」

Chapter9
06

業界の未来②

無人化、機械化施工は
人手不足の解決策

人手不足が課題である建設業界では、工事施工の無人化、機械化は欠かせません。ここでは、無人化施工、機械化施工の現状について解説しましょう。

人が嫌がる作業を機械化

無人化施工
施工区域を無人にして、機械を遠隔操作にて施工すること。遠隔操作の際、3D映像にすることで操作者が正確に運転することができる。

作業員にアンケートをとったところ、苦痛を伴う作業として鉄筋並べ作業と吹き付け作業が挙がりました。そこで、鉄筋並べ作業を自動化するため、ロールマット工法が開発されています。これは、加工場で鉄筋をすだれ状にあらかじめ並べ、ロール状にしてから現場に持っていき、それをコロコロ転がすように配筋するものです。また、耐火被覆吹付ロボットにより苦痛な作業を減らすことができます。

自律型ロボットの開発

自律型ロボットとして、さまざまな作業を行うロボットが開発されています。例えば、資材運送ロボットは、ロボットが空間認識することで障害物を避けながら資材を運ぶことができます。

溶接ロボットは現場の複雑な形状に対応することができ、溶接品質を確保しています。多能工ロボットは、天井ボード貼りと床材の双方を作業することができます。

計測、観測、測量ロボットの活用

ターゲット
測量機械から出る光波を受信する器具。

自動追尾
通常は、1人が測量器械を観測し、別の1人が持つターゲットを視準し、計2人で測量する。自動追尾測量器械は、ターゲットを自動で視準するため、測量器械を観測する人が不要になり、1人で測量ができる。

遠隔地からコンクリート構造物のひび割れを検出するロボットが開発されています。これは画像診断システムとAIによる画像解析技術を用いたものです。これを活用するとビルや橋梁の劣化診断に用いることができます。

また、自動で測量できる装置も開発されています。これは、ターゲットを持つ人を自動的に検出し、ターゲットを自動追尾しながら計測するというものです。データは3次元化されるため、図化も自動的に行うことができるというメリットがあります。

▶ 建設現場で利用されるロボット

自律型ロボット
- 資材運送
- 溶接
- 多能工

計測、観測、測量ロボット
- コンクリートひび割れ自動検出

作業支援ロボット
- ロボットスーツ

第9章 建設業界の展望

マニピュレータ型現場溶接ロボット

写真提供：鹿島建設

ロボットスーツを着用する作業者

写真提供：イノフィス

コンクリート表面のひび割れの長さと幅を自動検出

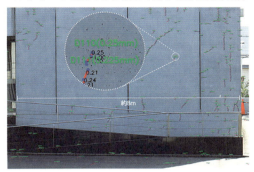

写真提供：大林組

📍 作業支援ロボットの導入

　建設現場では重い荷物を持つ作業が多く、腰痛を発症する作業者がたくさんいます。そのため、==作業者の負担を軽減し、その結果として定着率を向上させる==ことも重要です。

　そこで、人体に装着し荷物の荷重を低減させる**ロボットスーツ**が現場で活用されています。これは、ロボットスーツが筋肉の動きを察知し、持った荷物の身体荷重を低減させるというものです。これにより、身体的負荷が軽減し、事故が減るというデータもあります。

ロボットスーツ

人が体を動かそうとする際、脳から神経を通じて筋肉に信号が伝わり、微弱な「生体電位信号」が体表に表れる。その「生体電位信号」を皮膚に貼ったセンサーで検出し、意思に従った動作をするもの。介護者が、障がい者や高齢者を支える際に使用されてきた。これを建設業でも応用しようとしている。

213

Chapter9
07

業界の未来③

外国人とともに建設を推進する

建設業界の人手不足の現状を踏まえると、人材を確保できない建設会社は今後生き残れません。外国人も参入し、ともに建設物を施工していくことを考えなければいけません。

外国人を採用する

日本の建設業界で外国人が働くには、5つの方法があります。「就労制限のない在留資格」、「技能実習生」、「特定技能」、「技能」、「技術・人文知識・国際業務」の5つです。

【就労制限のない在留資格】

就労制限のない在留資格を所持している場合、日本の建設会社で働くことができます。就労制限のない在留資格とは、「永住者」、「日本人の配偶者など」、「永住者の配偶者など」、「定住者」の4種類です。

【技能実習生】

技能実習生とは、外国人が日本の技能を学ぶために、日本で働くことができる制度です。技能実習生には、「技能実習1号・2号・3号」の3種類があります。

技能実習1号は、座学の講習を2カ月、実習を1年間実施することができ、技能実習2号は、2年間の実習が可能です。技能実習3号は、所定の技能評価試験の実技試験に合格した者が該当し、2年間の実習が可能です。

現在、技能実習が認められている建設業の職種は、22職種33作業あります（図参照）。

【特定技能】

特定技能は、1号と2号に分かれます。特定技能1号とは、直ちに一定程度の業務を遂行できる水準にある者をいいます。特定技能2号とは、熟練した技能を要する業務に従事する者をいいます。特定技能2号に認定されれば、日本で長く働くことができるため、日本の建設会社の社員として長く活躍してもらうことができます。

在留資格
日本に住むための資格。現在29種類あり、活動型類型資格（外国人が定められた活動を行うこと）、地位等類型資格（定められた身分、地位を有する）の2つに分かれる。なおビザ（査証）とは外国人が日本に入国するために必要なもので、その国の日本大使館にて発給される。

技能評価試験の実技試験
技能実習生が修得した技能を評価する試験。

特定技能
人手不足を解消するため、2019年の4月から新たに導入された「在留資格」。型枠施工、左官、コンクリート圧送、トンネル推進工、建設機械施工、土工、屋根ふき、電気通信、鉄筋施工、鉄筋継手、内装仕上げが受け入れ対象職種となっている。

214

▶ 技能実習の職種と作業一覧

職種	作業	職種	作業
さく井	パーカッション式さく井工事作業	熱絶縁施工	保温保冷工事作業
	ロータリー式さく井工事作業	内装仕上げ施工	プラスチック系床仕上げ工事作業
建築板金	ダクト板金作業		カーペット系床仕上げ工事作業
	内外装板金作業		鋼製下地工事作業
冷凍空気調和機器施工	冷凍空気調和機器施工作業		ボード仕上げ工事作業
建具製作	木製建具手加工作業		カーテン工事作業
建築大工	大工工事作業	サッシ施工	ビル用サッシ施工作業
型枠施工	型枠工事作業	防水施工	シーリング防水工事作業
鉄筋施工	鉄筋組み立て作業	コンクリート圧送施工	コンクリート圧送工事作業
とび	とび作業	ウェルポイント施工	ウェルポイント工事作業
石材施工	石材加工作業	表装	壁装作業
	石張り作業	建設機械施工	押土・整地作業
タイル張り	タイル張り作業		積込み作業
かわらぶき	かわらぶき作業		掘削作業
左官	左官作業		締固め作業
配管	建築配管作業	築炉	築炉作業
	プラント配管作業		

【技能】

　技能とは、==外国特有の建築または土木に係る技能について、10年以上の実務経験がある者をいいます。== 他の職種でたとえていえば、中国料理の専門家が日本の中国料理店で腕を振るうとか、航空機の操縦者や貴金属などの加工職人などです。このように、外国で技能のプロとして働いていた人は、日本で同じようにプロとして働くことができます。

【技術・人文知識・国際業務】

　技術・人文知識・国際業務とは、大学院、大学、専門学校を卒業または決められた実務経験のある者をいいます。これは、日本の建築学科や土木学科、もしくは外国の建築学科や土木学科を卒業した人に与えられる在留資格で、日本で技術者として正社員で働くことが可能です。

ウェルポイント工事（表中）

真空ポンプを用いて強制的に地下水を吸い上げて地下水位を下げる工法。軟弱地盤の改良に使われる。

技術

日本や外国の土木学科や建築学科を卒業すると、日本の建設会社において技術者として働くことができる。技術者の人手不足を解消する方法として期待されている。

業界の未来④

Chapter9 08

ダイバーシティを推進して開かれた建設業界を創る

ダイバーシティという言葉をよく聞くようになりました。今後、建設業界でもダイバーシティを考慮した運営をしていかなければなりません。建設業界とダイバーシティについて解説しましょう。

人材不足の点からのダイバーシティの必要性

ダイバーシティとは、日本語では「多様性」と訳します。これまで建設業では、日本人の男性が数多く働いてきました。しかし少子高齢化や建設業の不人気もあり、今後の担い手不足が顕著になってきました。そこで、さまざまな人と力を合わせながら、建設工事を運営していくことがより一層求められているのです。外国人や女性など、これまでと異なる人たちと一緒に働く環境をつくっていこうというものです。

ダイバーシティ取り組み上の課題

建設業界では、ダイバーシティを積極的に運用していこうとしていますが、まだまだ課題が多くあります。例えば、女性技術者や技能者が現場で働くのに際して、トイレや休憩所の設置が遅れていたり、数多くいる男性が女性をどのようにして受け入れたらよいかの理解が進んでいません。女性のみならず障がい者、外国人、高齢者などを受け入れる設備や体制をつくり、また現在働いている人たちが、それら多様性のある人たちを受け入れる気持ちの幅を持つことが必要でしょう。

ダイバーシティを実現するための重要なポイントは3つあります。1つ目は、役割分担や仕事の内容を見直し、生産性を上げること。2つ目は、それぞれの偏見を取り除く意識改革を実施すること。3つ目は、多様な人が働き続けることができるように制度や環境を見直すことです。

今後は、現場で働く人のテレワークの実施や、ライフプランに合わせた多様な働き方を考えたり、現場環境を改善するなどして、ますますダイバーシティ経営を推進していく必要があります。

ダイバーシティ
取り組みの一つに「イクボス」がある。これは、社員の育児参加に理解のある経営者や上司のこと。部下の育児休業取得を促すなど、仕事と育児が両立しやすい環境の整備に努めるリーダーをいう。建設業でもイクボスを増やしたいものだ。

多様性
経済産業省「新・ダイバーシティ経営企業100選」の定義では、性別、年齢、人種や国籍、障がいの有無、性的指向、宗教・心情、価値観などの多様性だけでなく、キャリアや経験、働き方などに関する多様性も含む。

テレワーク
ICTを活用した、場所や時間にとらわれない柔軟な働き方のことで「tele＝離れた所」と「work＝働く」を合わせた造語。パソコンの持ち出しによる情報漏洩防止処置が課題だ。

▶ ダイバーシティから得られるもの

今後の方向性
自動化、機械化、ICT化の進展により、身体に対する負荷を小さくする。

課題 肉体労働のため、屈強な男性しか働けないイメージが強く、力仕事の苦手な男性や高齢者が働きにくい状況がある。

男性・高齢者

今後の方向性
女性トイレ、休憩所、シャワールームの整備。
女性の特徴を生かした仕事（女性が使用する施設の設計、繊細さ、きめ細やかさが必要な作業）の実践を推進する。

課題 建設業自体が男性社会のイメージが強く、女性が建設業にて働くことに対して施設面、心理面での障害が大きい。

女性

今後の方向性
建設業の仕事は幅広く（知的な作業から肉体的な作業まで）、奥深い（単純作業から複雑な作業まで）ため、身体、精神、肉体の一部に障がいがある人でも働く場がある。

課題 建設業の仕事は危険なイメージが強く、障がいのある人は働くことができないと思い込んでいる。

障がい者

ダイバーシティ

外国人

課題 日本において営業する海外の建設会社が少ないこともあり、外国人が働くことがほとんどなかった。

今後の方向性
表示、看板、指示書などを日本語だけでなく外国語で記載したり、日本語がわからなくても困らないように記号やイラストで仕事ができるようにする。

建築デザイン

課題 建築コストや機能性を重視したデザインの建物が多かった。

今後の方向性
ユニバーサルデザイン（国籍・年齢・性別・能力などの違いによらず、多くの人が利用できるようなデザイン）を採用する。

第9章　建設業界の展望

付章
建設業界で役立つ主な資格

施工管理技士／施工技士

施工管理技士／施工技士とは、建設業法で定められた国家試験で、現在7資格が存在します。受験には指定学科の受講や実務経験が必要で、難易度も決して低くありません。しかし資格を取得すると建設現場において施工計画書の作成、品質、安全、施工の管理の役割を担うことができます。施工管理技術者として活躍するためには欠かせない資格です。

建築施工管理技士 ----------------------
住宅、ビル、工場など建築工事の監理技術者や主任技術者になることができる。

土木施工管理技士 ----------------------
河川や道路、鉄道、トンネルなどの土木工事の監理技術者や主任技術者になることができる。

管工事施工管理技士 -------------------
配管技術だけでなく、空調・衛生工事にて施工計画の作成、管理を行うことができる。

電気工事施工管理技士 -----------------
電気工事での施工計画の作成、工程・品質・安全の管理、監督などを行うことができる。

電気通信工事施工管理技士 ------------
電気通信線路・機械、通信設備などの工事で、施工計画の作成、管理を行うことができる。

建設機械施工技士 ----------------------
建設機械を使った施工計画の作成、工程・品質・安全管理を行うことができる。

造園施工管理技士 ----------------------
屋上緑化・公園・庭園・道路緑化工事などで、総合的な責任者としての役割を担うことができる。

そのほかの重要資格

◆不動産関係資格

不動産鑑定士 ----------------------------
不動産の適正価格を決定することができる国家資格で、誰でも受験できる。取得の難易度は高いが、将来性や転職・就職に有利である。また、独立開業という選択もできる。

宅地建物取引士 --------------------------
土地、建物などの不動産物件を公正、誠実に取り扱うために必要な国家資格で、誰でも受験できる。不動産業界だけではなく、建設業界でも重視される資格。

◆施工管理関係資格

●コンクリート技士／コンクリート主任技士

コンクリートにおける幅広い専門知識を有する証明となり、ステップアップにつながる民間資格。受験には、指定科目の受講修了、実務経験などが必要である。

●消防設備士

建物の消火栓設備や火災報知器の設置などの工事、整備を行うための国家資格で、甲種、乙種の2種類がある。乙種は誰でも受験できるが、甲種は実務経験などが必要。

●電気主任技術者

建物の電気設備に関する工事・保守・運用の保安監督者に必要な国家資格。取り扱う電圧により、第一種から第三種まで分かれ、受験資格も異なる。

●測量士／測量士補

測量業務で必須となる国家資格で、建築や不動産の専門知識を有するため、建設業界、不動産業界で重視されている。受験には、指定科目の受講修了と実務経験が必要。

◆施工技能関係資格

●電気工事士

電気工事を行う上で必須となる国家資格で、第一種、第二種があり、扱える電力量、担える役割が異なる。誰でも受験できるが、第一種は実務経験が必要。

●クレーン・デリック運転士

建設現場や工場内でクレーンを運転するための国家資格。18才以上であれば、誰でも受験できる。特殊な運転技術であり、比較的、収入が安定するといわれる。

◆維持管理関係資格

●非破壊試験技術者

放射線、超音波により、構造物を破壊することなく検査する技術者資格。民間資格ではあるが、建物の欠陥や疲労度を測定できることで重要視されている。

●建築物環境衛生管理技術者（ビル管理士）

一定の広さのビルを総合的に管理できる国家資格。ビル管理の実務経験が2年以上あれば受験できる。取得の難易度は高いが、企業からの求めも多く、将来性がある。

参考文献

『外尾悦郎、ガウディに挑む　解き明かされる「生誕の門」の謎』星野真澄著（NHK出版）

『台湾を愛した日本人（改訂版）―土木技師 八田與一の生涯―』古川 勝三著（創風社出版）

『徳川家康の江戸プロジェクト』門井慶喜著（祥伝社）

『家康、江戸を建てる』門井慶喜著（祥伝社）

『「爆発の嵐　スエズ運河を掘れ」―勝者たちの羅針盤　プロジェクトX～挑戦者たち～』NHKプロジェクトX制作班 編（NHK出版）

『「巨大モグラ　ドーバーを掘れ」～地下一筋・男たちは国境を越えた　―新たなる伝説、世界へ　プロジェクトX～挑戦者たち～』NHKプロジェクトX制作班 編（NHK出版）

『「黒四ダム　１千万人の激闘」―曙光　激闘の果てに プロジェクトX～挑戦者たち～』NHKプロジェクトX制作班 編（NHK出版）

索引

英数字

3D プリンター	188
3D レーザースキャナ	186
AI	192
AR	194
BIM	190
CIM	190
i-Construction	180
ICT	44
ICT 地盤改良	182
ICT 土工	180
ICT 舗装	182
JV	48
M&A	174
NATM（ナトム）工法	69, 203
PM 法	138
UAV	184

あ行

アーキテクチャー	25
悪臭防止法	140
安全衛生教育	133
意匠設計	36
一括下請負	126
インフラ（ストラクチャー）	26, 110
衛生設備工事	88
衛生的	132
エンジニア	24, 46
大手ゼネコン	44, 118
オゾン層保護法	138
音認識	192
オフロード法	138

か行

海外建設事業	204
海外工事	78, 176
外国人	214
化学プラント	59
火山対策	208
ガス会社	110
ガスプラント	58
河川工事	54
河川整備	162
河川法	142
画像認識	192
壁式構造	85
環境影響評価法	142
管工事	62
管工事施工管理技士	92
監査制度	61
官庁工事	26
管路更生工法	161
機械化施工	212
危険	132
技術	215
技術士	64
技術者	46
技能	215
技能実習生	214
技能者	46
給与水準	168
共同企業体	48
橋梁	70
許可	42, 126
空気調和設備工事	88
空港	77
空港建設工事	55
空港整備	164
契約	126
下水	74
下水道	74, 160

220

下水道法 …………………………… 142
建設 …………………………………… 24
建設業法 …………………………… 126
建設コンサルタント ……… 28, 81, 114
建設投資額 ………………………… 14
建設リサイクル法 ………………… 136
建築基準法 ……………………… 128, 139
建築工事 …………………………… 96
建築士 …………………………… 92, 116
建築施工管理技士 ………………… 92
建築設計 …………………………… 116
建築設備工事 ……………………… 88
建築費 ……………………………… 90
公共建築工事 ……………………… 32
公共建築物 ………………………… 154
公共工事 ………………… 74, 114, 150
公共工事標準請負契約約款 ……… 150
公共工事品確法 …………………… 130
公共団体 …………………………… 108
公共土木工事 ……………………… 60
剛構造 ……………………………… 102
工場建設 …………………………… 38
構造 ………………………………… 85
構造設計 …………………………… 36
高層木造ビル ……………………… 210
高速道路（会社）………………… 111, 158
構内環境整備工事 ………………… 63
公務員 ……………………………… 108
港湾 ………………………………… 76
港湾開発 …………………………… 164
港湾建設工事 ……………………… 55
国際化 ……………………………… 177
国土強靭化基本法 ………………… 144
国土交通省 ………………………… 108
コストダウン ……………………… 206
戸建て住宅 ………………………… 86

ゴルフ場建設工事 ………………… 63
コンクリート規格 ………………… 196
コンクリート技士 ………………… 64
コンクリート診断士 ……………… 65
コンストラクション・マネジメント … 131
コンセッション方式 ……………… 206

さ行

災害対策 …………………………… 144
在留資格 …………………………… 214
作業支援ロボット ………………… 213
下げ振り …………………………… 102
サブコン …………………………… 45
山岳トンネル ……………………… 68
シールド工法 …………………… 69, 202
シールドトンネル ………………… 69
市街地再開発事業 ………………… 94
資格 ……………………………… 64, 92
事業拡大 …………………………… 175
事業承継 …………………………… 174
資源 ………………………………… 136
地震対策 …………………………… 208
自然災害 …………………………… 144
持続可能 …………………………… 149
下請け ………………… 45, 126, 150
自動化 ……………………………… 194
自動車NOx法 ……………………… 138
地盤改良 …………………………… 182
地盤沈下 …………………………… 77
社会資本 …………………………… 154
社会保険 ………………………… 169, 170
柔構造 ……………………………… 102
住宅性能保証制度 ………………… 131
住宅品確法 ………………………… 130
集団規定 …………………………… 128
浚渫 ………………………………… 76

221

省エネ法	143	建売住宅	98
浄化槽法	142	ダム	66
上下水道	57	ダンピング	130
上水	74	地域振興	144, 158
上水道	74	治水対策	208
消防法	142	地方公共団体	108
職人	122	地方ゼネコン	44, 120
処分場	135	中小建設会社	174
自律型ロボット	212	中水	74
振動規制法	140	注文住宅	98
新・担い手三法	148	超高層ビル	100
スーパーゼネコン	80, 104, 118	長時間労働	170
生産性	149, 196	沈埋トンネル	78
生産性向上	170	堤防	72
制震	198	鉄道会社	110
石油プラント	58	鉄道工事	56, 62
施工管理	44	デベロッパー	40, 112
施工管理技士	50	電気工事施工管理技士	92
施工管理技術者	118, 120	電気設備工事	88
雪害対策	208	電線路工事	62
設計	28, 36	電力会社	110
設備設計	37	道路	72
ゼネコン	44, 80	道路工事	54, 62
専門工事会社	45, 122	特定技能	214
騒音規制法	140	特定元請事業者	133
総合建設業	44	都市開発	40
総合評価方式	146	都市計画法	128
測量	184, 186	都市再生	158
素材	84	土砂災害	208

た行

ダイオキシン類対策特措法	139	土壌汚染対策法	142
大気汚染防止法	138	土地開発事業者	112
耐震	198	土地区画整理事業	94
耐震工事	30, 34	土地造成・埋め立て工事	62
ダイバーシティ	216	土木	24
		土木工事	54, 78
		土木施工管理技士	64

土木設計 ………………………… 28, 114
ドローン ……………………………… 184
トンネル ……………………………… 68

な行

担い手三法 …………………………… 148
入札 ……………………………… 32, 156
ニューマチックケーソン工法 … 122, 202

は行

廃棄物 …………………………… 134, 136
廃棄物処理法 ………………………… 134
配置技術者 …………………………… 50
破壊検査 ……………………………… 61
橋 ……………………………………… 70
働きがい ……………………………… 171
働き方改革 …………………… 148, 170
発注者 ………………………………… 108
発電プラント ………………………… 58
発電用土木工事 ……………………… 62
人手不足 ……………………………… 14
ビルメンテナンス …………………… 34
品質問題 ……………………………… 156
ふ頭・港湾工事 ……………………… 62
不法投棄 ……………………………… 134
プラントエンジニアリング会社 …… 81
プラント（建設） …………………… 38
プレストレストコンクリート … 70, 81
フロン排出抑制法 …………………… 139
平準化 ………………………………… 20
防災工事 ……………………………… 30
防災 …………………………………… 159
舗装 …………………………………… 182

ま行

マリコン ……………………………… 80

民間建築工事 ………………………… 32
民間工事 ……………………………… 26
民間土木工事 ………………………… 62
無人化施工 …………………………… 212
メジャー7 …………………………… 112
免震 …………………………………… 198
メンテナンス ………………………… 154
モービルマッピングシステム ……… 186
木質パネル工法 ……………………… 86
木造軸組工法 ………………………… 86
木造住宅 ……………………………… 86
木造住宅工事 ………………………… 98
木造枠組壁工法 ……………………… 86
元請け ………………………… 133, 150

や・ら・わ行

有価物 ………………………………… 134
ラーメン構造 ………………………… 85
リサイクル …………………………… 136
リスクアセスメント ………………… 172
リニア中央新幹線 …………………… 202
リニューアル ………………………… 34
リノベーション ……………………… 34
リフォーム …………………………… 34
林業 …………………………………… 210
林道整備 ……………………………… 166
老朽化 ………………………………… 154
労働安全衛生法 ……………………… 132
労働環境 ……………………………… 168
労働災害 ……………………………… 172
労働時間 ……………………………… 168
ロールマット工法 …………………… 212
ロボット ……………………………… 212

著者紹介

降籏 達生（ふるはた たつお）

ハタ コンサルタント株式会社代表取締役。
1961年兵庫県生まれ。映画「黒部の太陽」を観て、困難に負けずに建設する姿に憧れる。83年大阪大学工学部土木工学科を卒業後、熊谷組に入社。ダム、トンネル、橋梁など大型工事に参画。阪神淡路大震災にて故郷の惨状を目の当たりにして開眼。建設技術コンサルタント業を始める。建設技術者研修20万人、現場指導5,000件を超える。「がんばれ建設～建設業業績アップの秘訣～」は読者19,000人、日本一の建設業向けメールマガジンとなっている。

■ 装丁	井上新八
■ 本文デザイン	株式会社エディポック
■ 本文イラスト	株式会社アット イラスト工房、
	関上絵美
■ 担当	橘浩之
■ 編集／DTP	株式会社エディポック

図解即戦力
建設業界のしくみとビジネスが
これ1冊でしっかりわかる教科書

2020年9月8日　初版　第1刷発行

著　者	降籏 達生
発行者	片岡 巌
発行所	株式会社技術評論社
	東京都新宿区市谷左内町21-13
	電話　03-3513-6150　販売促進部
	03-3513-6160　書籍編集部
印刷／製本	株式会社加藤文明社

©2020　ハタ コンサルタント株式会社・株式会社エディポック

定価はカバーに表示してあります。
本書の一部または全部を著作権法の定める範囲を超え、無断で複写、複製、転載、テープ化、ファイルに落とすことを禁じます。
造本には細心の注意を払っておりますが、万一、乱丁（ページの乱れ）や落丁（ページの抜け）がございましたら、小社販売促進部までお送りください。送料小社負担にてお取り替えいたします。

ISBN978-4-297-11235-6 C0036　　　　　　Printed in Japan

◆ お問い合わせについて

・ご質問は本書に記載されている内容に関するもののみに限定させていただきます。本書の内容と関係のないご質問には一切お答えできませんので、あらかじめご了承ください。

・電話でのご質問は一切受け付けておりませんので、FAXまたは書面にて下記問い合わせ先までお送りください。また、ご質問の際には書名と該当ページ、返信先を明記してくださいますようお願いいたします。

・お送りいただいたご質問には、できる限り迅速にお答えできるよう努力いたしておりますが、お答えするまでに時間がかかる場合がございます。また、回答の期日をご指定いただいた場合でも、ご希望にお応えできるとは限りませんので、あらかじめご了承ください。

・ご質問の際に記載された個人情報は、ご質問への回答以外の目的には使用しません。また、回答後は速やかに破棄いたします。

◆ お問い合せ先

〒162-0846
東京都新宿区市谷左内町21-13
株式会社技術評論社　書籍編集部
「図解即戦力
建設業界のしくみとビジネスが
これ1冊でしっかりわかる教科書」係
FAX：03-3513-6167
技術評論社ホームページ
https://book.gihyo.jp/116